EXPERIMENTS OF ANALYTICAL
AND PHYSICAL CHEMISTRY

# 分析化学与物理化学实验

赵祖志　主编

中国科学技术大学出版社

## 内 容 简 介

本书是在原有《分析化学实验》和《物理化学实验》讲义基础上重新进行整理与组合而成的一本实验教材，既保留了分析化学和物理化学实验中经典、重要的实验内容，又吸收了近年来的化学进展和实验教学改革的最新成果。全书由20个精选实验组成，内容包括滴定法、分光光度法、电化学、色谱、原子吸收、胶体、黏度、吸附及反应速率测定等分析化学定量基础实验、分析化学定量综合实验和物理化学实验。

本书适用于高等医学院校药学、生命科学、环境、农学、食品等专业，也可作为相关院校的分析化学与物理化学实验教材和参考书。

**图书在版编目(CIP)数据**

分析化学与物理化学实验/赵祖志主编. —合肥：中国科学技术大学出版社，2019.8

ISBN 978-7-312-04779-4

Ⅰ.分… Ⅱ.赵… Ⅲ.①分析化学—化学实验—高等学校—教材 ②物理化学—化学实验—高等学校—教材 Ⅳ.①O65-33 ②O64-33

中国版本图书馆CIP数据核字(2019)第169603号

**出版** 中国科学技术大学出版社
安徽省合肥市金寨路96号，230026
http://press.ustc.edu.cn
https://zgkxjsdxcbs.tmall.com

**印刷** 合肥华苑印刷包装有限公司

**发行** 中国科学技术大学出版社

**经销** 全国新华书店

**开本** 710 mm×1000 mm 1/16

**印张** 9.25

**字数** 176千

**版次** 2019年8月第1版

**印次** 2019年8月第1次印刷

**定价** 30.00元

# 前　言

随着新理论、新技术、新方法的大量涌现，分析化学与物理化学实验有了较大的发展。在这种背景下，我们编写了本书，以适应新的发展需求。

本书既参考了科技发展新成果在实验教学中的应用，又考虑了基础知识在实验教学中的重要性，重点在于培养学生的动手能力、综合解决问题的能力、接受新知识的能力。我们对原使用讲义中的大部分内容予以保留，去除了部分陈旧且不适应新要求的实验，减少了传统内容的篇幅，增添了新知识，使本书难易适中，既自成一体，又与理论课有良好的衔接，既具备科学性、先进性，又突出了医学院校实验教学的特点，能满足多方需求。

参加本书编写的人员有安徽医科大学老师洪石（实验一、实验十、实验十八）、汪显阳（实验二、实验四）、徐小岚（实验三、实验七）、解永岩（实验五、实验十四）、赵婷婷（实验六、实验八）、吴允凯和郭荷民（实验九）、陶梅（实验十一、实验十三）、郭荷民（实验十二）、赵祖志（实验十五）、杨帆（实验十六）、刘睿（实验十七）、赵慧卿（实验十九、实验二十）、韦文美（实验二十）、杨雪（分析化学实验仪器部分）、高志燕（物理化学实验仪器部分）。全书由赵祖志统稿。

由于各位作者都是在繁忙的日常工作中抽时间进行书稿编写的，疏漏、不足之处在所难免，恳请读者提出宝贵意见。

编　者

2019年6月

# 目　录

# 实验一　酸碱滴定法

## 一、盐酸标准溶液的配制与滴定

### 【实验目的】

（1）掌握以 $Na_2CO_3$ 为基准物质标定 HCl 溶液的原理和方法。

（2）掌握容量瓶、移液管和吸量管的使用方法。

（3）掌握减重法称量和滴定操作。

### 【实验原理】

用以直接配制标准溶液或标定标准溶液浓度的物质称为基准物质。配制标准溶液的方法有两种：直接法和间接法。碱标准溶液一般用 NaOH 配制，酸标准溶液一般用 HCl 配制，浓度一般为 0.01～1 $mol \cdot L^{-1}$，最常用的浓度是 0.1 $mol \cdot L^{-1}$。由于 NaOH 易吸收空气中的水分和 $CO_2$，而浓 HCl 易挥发，因此均不能采用直接配制法来配制其标准溶液，需采用间接配置法，即先配制成近似浓度的溶液，然后用基准物质或标准溶液标定其准确浓度。经标定后的 NaOH 和 HCl 溶液可用来测定样品中酸性或碱性物质的含量。

最常用来标定 HCl 溶液的物质是无水 $Na_2CO_3$。$Na_2CO_3$ 与 HCl 溶液反应如下：

$$Na_2CO_3 + 2HCl = 2NaCl + H_2CO_3$$

在达到化学计量点时：

$$n(2HCl) = n(Na_2CO_3)$$

即

$$\frac{1}{2}c(HCl) \cdot V(HCl) = c(Na_2CO_3) \cdot V(Na_2CO_3)$$

则

$$c(HCl) = \frac{2c(Na_2CO_3) \cdot V(Na_2CO_3)}{V(HCl)}$$

由于 0.1 mol·L$^{-1}$ HCl 溶液滴定 0.1 mol·L$^{-1}$ $Na_2CO_3$ 溶液，达到化学计量点时的 pH 为 3.9，滴定突跃为 3.5～5，故可选用甲基橙为指示剂。

## 【仪器材料】

酸式滴定管 1 支、移液管(25 mL)1 支、容量瓶(250 mL)1 个、锥形瓶(250 mL)2 个、称量瓶 1 个、电子天平 1 台、铁架台 1 个、洗瓶、烧杯、滤纸、凡士林、玻璃棒等。

## 【试剂药品】

无水碳酸钠、0.05%甲基橙指示剂、浓盐酸。

## 【实验步骤】

### 1. 配制近似 0.1 mol·L$^{-1}$ HCl 溶液 1 000 mL

(1) 计算所需市售浓盐酸的体积。

(2) 用量筒量取所需浓盐酸，倒入盛有 20 mL 蒸馏水的烧杯中，然后将烧杯中的溶液倒入 1 000 mL 量筒内，用蒸馏水洗涤烧杯 2～3 次，洗涤液一同转入量筒中，再加蒸馏水稀释到 1 000 mL，贮存于试剂瓶中，摇匀，备用。

### 2. $Na_2CO_3$ 溶液的配制

在电子天平上，用减重法准确称取干燥过的基准试剂无水 $Na_2CO_3$ 1.2～1.4 g，置于 50 mL 烧杯中，加蒸馏水 20～30 mL，用玻璃棒轻轻搅动使之完全溶解，然后将此溶液转移到容量瓶中，并用少量蒸馏水洗涤烧杯数次，洗涤液也完全倒入容量瓶中，加蒸馏水至标线，摇匀，备用。

3. HCl 溶液的标定

(1) 取滴定管1支，用待标定的 HCl 溶液润洗后，装入 HCl 溶液，记录滴定管的初始读数 $V_1$。

(2) 取 25 mL 移液管1支，用配制好的 $Na_2CO_3$ 溶液润洗后，吸取 25.00 mL $Na_2CO_3$ 溶液放入锥形瓶中，滴入甲基橙指示剂 2～3 滴，溶液呈黄色。

(3) 从滴定管中将 HCl 溶液逐滴加入锥形瓶中，边滴边摇锥形瓶。临近终点时，加入少量蒸馏水将溅在瓶壁上的溶液冲下，继续滴加 HCl 溶液，直至锥形瓶中的溶液由黄色恰好变为橙色且半分钟内不褪色，即为滴定终点，记录滴定管读数 $V_2$，前后两次读数之差，即为中和 $Na_2CO_3$ 所消耗 HCl 溶液的体积。

按上述方法平行测定3次。

## 【数据记录和处理】

计算 HCl 溶液的浓度：$c(HCl)=$ ________ $mol \cdot L^{-1}$，三次测定的结果相对偏差不应大于 0.2%。

## 【思考题】

(1) 移液管和量筒都是量取液体的玻璃仪器，它们能否互相代替使用？为什么？

(2) “指示剂加入量越多，终点变化越明显。”这种看法是否正确？

(3) 该实验可否用酚酞作为指示剂？

(4) 移液管在使用前是否需要润洗？

(5) 用于滴定的锥形瓶在滴定前是否需要干燥？是否需要润洗？

# 二、医用硼砂含量的测定

## 【实验目的】

(1) 测定医用硼砂含量,了解酸碱滴定法的实际应用。

(2) 进一步掌握滴定分析基本操作。

## 【实验原理】

硼砂是弱酸与强碱所组成的盐,可利用酸碱滴定法直接测定其含量。用盐酸溶液滴定时发生以下反应:

$$Na_2B_4O_7 \cdot 10H_2O + 2HCl \xlongequal{} 2NaCl + 4H_3BO_3 + 5H_2O$$

达到化学计量点时:

$$n(Na_2B_4O_7 \cdot 10H_2O) = n(2HCl)$$

$$\frac{1}{2}c(HCl)V(HCl) = \frac{W(Na_2B_4O_7 \cdot 10H_2O)}{M(Na_2B_4O_7 \cdot 10H_2O)}$$

则硼砂的质量分数可由下式计算:

$$w(Na_2B_4O_7 \cdot 10H_2O) = \frac{\frac{1}{2}c(HCl)V(HCl)M(Na_2B_4O_7 \cdot 10H_2O)}{W_{sample}} \times 100\%$$

式中 $V$ 的单位为 L。

用 0.1 mol · $L^{-1}$ 盐酸滴定 20.00 mL 的硼砂溶液,在达到化学计量点时的 pH 为 5.1,突跃范围为 4.3~5.6,因此用甲基红作指示剂指示滴定终点。

## 【仪器材料】

酸式滴定管 1 支、移液管(25 mL)1 支、容量瓶(250 mL)1 个、电子天平、烧杯、酒精灯、玻璃棒等。

## 【试剂药品】

医用硼砂样品、0.100 0 mol・L$^{-1}$ HCl 标准溶液、0.1%甲基红指示剂。

## 【实验步骤】

(1) 在电子天平上准确称取硼砂样品 5 g，置于小烧杯中，加蒸馏水 50 mL，加热搅拌至完全溶解。冷却后，小心沿玻璃棒转入 250 mL 容量瓶中，烧杯再用少量蒸馏水冲洗 2～4 次，冲洗液全部转入容量瓶中，加蒸馏水至标线，定容，备用。

(2) 用移液管取上述硼砂溶液 25.00 mL 放入 250 mL 锥形瓶中，加甲基红试剂 2～3 滴，溶液呈黄色，用 0.100 0 mol・L$^{-1}$ 的盐酸标准溶液滴定到溶液由黄色变为橙色且半分钟内不褪色，即为滴定终点，记录结果。

按上述方法平行测定 3 次。

## 【数据记录和处理】

计算硼砂的质量分数：$w$ = ________。

## 【思考题】

(1) 通过酸碱滴定法的两个实验，总结滴定分析的操作程序可分为哪几个部分，在实验操作中应注意哪些问题。

(2) 每次滴定时，酸碱标准液消耗 20～30 mL，为什么控制在这个范围？少用或多用有什么影响？

(3) 硼砂滴定中能否改用酚酞作指示剂？为什么？

(4) 有少量硼砂样品失去结晶水，对测定结果有什么影响？

（洪　石）

# 实验二　氧化还原滴定法

氧化还原滴定法是以氧化还原反应为基础的滴定分析法，是滴定分析中应用较广泛的分析方法之一，可用于直接或间接地测定氧化性或还原性物质的含量，广泛应用于水质分析和食品、药品等样品的常量分析中。由于使用不同的氧化剂和还原剂作标准溶液，氧化还原滴定法可分为高锰酸钾法、碘量法、重铬酸钾法、溴酸钾法、铈量法等。

氧化还原反应的特点是溶液中氧化剂与还原剂之间发生电子转移的反应，反应进行的过程比较复杂，而且往往是分步进行的，需要一定时间才能完成。此外，氧化还原反应除了主反应外，还可能发生副反应或因条件不同而生成不同的产物。因此需要考虑适当的反应条件，使之符合滴定分析的基本要求，并控制滴定速度，使之与反应速率相适应。为使反应能迅速完成，常采取升高反应温度、加催化剂以及调整溶液酸度和提高反应物浓度等措施。

氧化还原滴定法与酸碱滴定法一样，都用指示剂来指示滴定终点。氧化还原滴定法的指示剂有以下几类：① 氧化还原指示剂；② 自身指示剂；③ 专属指示剂。

## 一、高锰酸钾法——药用 $KMnO_4$的含量测定

### 【实验目的】

（1）了解高锰酸钾标准溶液的配制、标定及保存方法。

（2）熟悉高锰酸钾与草酸钠的反应条件，正确判断滴定的等量点。

## 【实验原理】

高锰酸钾法是以强氧化剂 $KMnO_4$ 作为标准溶液进行滴定的氧化还原滴定法。高锰酸钾的氧化能力与溶液的酸度有关。高锰酸钾法既可以在酸性条件下使用，也可以在中性、弱碱性或中等碱性条件下使用。在强酸性溶液中，氧化还原半反应为

$$MnO_4^- + 8H^+ + 5e = Mn^{2+} + 4H_2O \quad (\varphi^{\ominus}_{MnO_4^-/Mn^{2+}} = 1.507\ V)$$

通常，滴定在 $H_2SO_4$ 溶液中进行，适宜酸度为 $0.5 \sim 1\ mol \cdot L^{-1}$。酸度的调节以硫酸为宜，是因为硝酸有氧化性，而盐酸中的 $Cl^-$ 具有还原性，可被 $KMnO_4$ 氧化，发生副反应。

高锰酸钾法的优点是 $KMnO_4$ 氧化能力强，应用广泛，不需另加指示剂。其主要缺点是 $KMnO_4$ 标准溶液常含有少量杂质，能自行分解，使溶液不稳定，因此 $KMnO_4$ 标准溶液的配制不能用直接配制法，须采用间接配制法，并保存于暗处。

$KMnO_4$ 溶液的准确浓度常用 $Na_2C_2O_4$ 等一级标准物质来标定，$KMnO_4$ 在酸性溶液中和 $Na_2C_2O_4$ 的反应为

$$2MnO_4^- + 5C_2O_4^{2-} + 16H^+ = 2Mn^{2+} + 8H_2O + 10CO_2$$

上述标定反应要在酸性且溶液预热至 75～85 ℃条件下进行。滴定开始时，反应很慢，$KMnO_4$ 溶液必须逐滴加入，如果滴加过快，$KMnO_4$ 在热溶液中会部分分解而造成误差：

$$4MnO_4^- + 12H^+ = 4Mn^{2+} + 5O_2 + 6H_2O$$

在滴定过程中，溶液中逐渐有 $Mn^{2+}$ 的生成，$Mn^{2+}$ 对滴定反应有催化作用，使反应速率逐渐加快，所以滴定速度可稍加快些。

可以用作标定 $KMnO_4$ 溶液浓度的基准物质有 $H_2C_2O_4 \cdot H_2O$、$Na_2C_2O_4$、$(NH4)_2C_2O_4$、$As_2O_3$、$Fe_2SO_4$ 和纯铁丝等，其中以 $Na_2C_2O_4$ 最常用。根据等物质的量规则，$KMnO_4$ 溶液的浓度为

$$c(KMnO_4) = \frac{2m(Na_2C_2O_4)}{5M(Na_2C_2O_4)V(KMnO_4)}$$

## 【仪器材料】

台秤、分析天平、移液管（2 mL、25 mL）、量筒（10 mL、100 mL）、锥形瓶（150 mL）、烧杯（250 mL、500 mL）、砂芯漏斗、酸式滴定管（50 mL）、容量瓶（250 mL）、洗瓶。

## 【试剂药品】

$H_2SO_4$(3 mol·$L^{-1}$)、固体 $KMnO_4$(分析纯)、固体 $Na_2C_2O_4$(分析纯)。

## 【实验步骤】

### 1. $Na_2C_2O_4$溶液的配制

精密称取 0.32～0.34 g 干燥至恒重的分析纯 $Na_2C_2O_4$(精确至 0.1 mg),置于洁净的小烧杯中,先加入少量蒸馏水使其溶解,然后小心地移入 250 mL 容量瓶中,并用少量蒸馏水洗涤烧杯 2～3 次,洗涤液一并移入容量瓶中,稀释至标线,摇匀,备用。

### 2. $KMnO_4$ 溶液的配制及含量测定

(1) 用表面皿在台秤上称取 0.35 g 固体 $KMnO_4$(分析纯),置于 250 mL 洁净的烧杯中,用沸水分数次溶解,充分搅拌,将上层清液转入洁净的试剂瓶中,直至 $KMnO_4$ 完全溶解,再用煮沸后放冷的蒸馏水稀释至 500 mL。为使 $KMnO_4$溶液浓度较快达到稳定,常将配好的溶液加热至沸腾,并保持微沸 1 小时,放置 2～3 天。然后用砂芯漏斗或玻璃棉过滤,滤液移入另一洁净的棕色瓶中贮存备用。

(2) 用移液管吸取 25 mL $Na_2C_2O_4$ 一级标准物质溶液置于 250 mL 锥形瓶中,加入 5 mL 3 mol·$L^{-1}$ $H_2SO_4$ 酸化。加热溶液至有蒸气冒出(75～85 ℃),但不要煮沸①。将待标定的 $KMnO_4$溶液装入酸式滴定管中,排出气泡,调整液面在零刻度附近,记下 $KMnO_4$溶液的初读数($KMnO_4$溶液颜色深,不易看见溶液弯月面的最低点,因此,应该按液面的最高边读数),趁热对 $Na_2C_2O_4$溶液进行滴定。小心滴加 $KMnO_4$溶液,充分振摇,待第一滴紫红色褪去,再滴加第二滴②。此后滴定速

---

① 在滴定过程中,加热可使反应加快,但不应加热至沸腾,更不能直接用火加热,因为高于 90 ℃会引起 $Na_2C_2O_4$ 的分解:

$$2H^+ + C_2O_4^{2-} = CO + CO_2 + H_2O$$

滴定终点时,滴定溶液的温度应不低于 55 ℃,否则,会因反应速率较慢而影响终点的观察与准确性。

② 由于 $KMnO_4$ 与 $Na_2C_2O_4$ 之间的反应较慢,故开始滴定时加入 $KMnO_4$ 溶液的紫红色不能立即褪去,一旦滴定溶液中有 $Mn^{2+}$ 生成,$Mn^{2+}$ 对滴定反应就有催化作用,反应速率加快。这种由于反应产物引起的催化作用称为自动催化。

度控制在每秒2～3滴为宜①。接近终点时，紫红色褪去很慢，应减慢滴定速度，同时充分摇匀，直至溶液所呈淡红色在30秒钟内不消失，即为滴定终点②。记下终点时的读数。

按上述方法重复标定2次。计算$KMnO_4$溶液的准确浓度及相对平均偏差。

## 【数据记录和处理】

（1）$Na_2C_2O_4$ 溶液的配制：$V(Na_2C_2O_4)=$ ________ mL。

（2）$KMnO_4$ 溶液的配制及含量测定：$c(KMnO_4)=$ ________ $mol \cdot L^{-1}$。

## 【思考题】

（1）在高锰酸钾法中，滴定溶液的酸度用HCl和$HNO_3$调节可以吗？为什么？

（2）在高锰酸钾法中，如果$H_2SO_4$的用量不足，对测定结果有何影响？

（3）$KMnO_4$标准溶液在放置一段时间后，是否可以不经重新标定而直接用于滴定分析？为什么？

（4）有些物质和高锰酸钾在常温下反应较慢，为加快其反应速率，可在滴定前加热以使反应速率加快。高锰酸钾法测定含亚铁盐或过氧化氢等物质能加热吗？

# 二、碘量法

碘量法是以碘作为氧化剂或以碘化钾作为还原剂的氧化还原滴定法，也是常用的氧化还原滴定方法之一。其氧化还原半反应为

$$I_2 + 2e \Longrightarrow 2I^- \quad (\varphi^{\ominus}_{I_2/I^-} = 0.535\ V)$$

$I_2$ 在水中的溶解度很小（25 ℃时为0.001 8 $mol \cdot L^{-1}$），为增大其溶解度，通常将$I_2$溶解在KI溶液中，使$I_2$以$I_3^-$配离子形式存在，其半反应式为

$$I_3^- + 2e \Longrightarrow 3I^- \quad (\varphi^{\ominus}_{I_3^-/I^-} = 0.535\,5\ V)$$

---

① $KMnO_4$溶液的滴加速度不可忽视，开始要慢，并充分振摇。

② 高锰酸钾法的滴定终点是不太稳定的，由于空气中含有还原性气体及尘埃等杂质，落入溶液中能使$KMnO_4$ 慢慢分解，而使淡红色消失，所以经过30秒钟不褪色即可认为达到滴定终点。

由于两者的标准电位相差很小，为了简便，习惯上仍以前者表示。

碘量法分为直接碘量法(又称碘滴定法)、剩余碘滴定法、置换滴定法。剩余碘滴定法和置换滴定法统称为间接碘量法(又称滴定碘法)。

在使用间接碘量法时，为获得准确的结果，必须注意以下两点：

(1) 控制溶液的酸度。

$I_2$ 和 $Na_2S_2O_3$ 的反应必须在中性和弱碱性溶液中进行，因为存在副反应：

$$S_2O_3^{2-} + 4I_2 + 10OH^- = 2SO_4^{2-} + 8I^- + 5H_2O$$

$$I_2 + 6OH^- = IO_3^- + 5I^- + 3H_2O$$

$$S_2O_3^{2-} + 2H^+ = SO_2 + S + H_2O$$

$$4I^- + 4H^+ + O_2 = 2I_2 + 2H_2O$$

因此，用 $Na_2S_2O_3$ 滴定 $I_2$ 之前，应将溶液的酸度调至中性或弱酸性。

(2) 防止 $I_2$ 挥发及 $I^-$ 被空气中的氧氧化，以减少测定结果的误差。

碘量法的终点常用淀粉指示剂来指示。在有少量 $I^-$ 存在时，$I_2$ 与淀粉反应形成蓝色吸附络合物，根据蓝色的出现和消失即可指示滴定终点。淀粉溶液应现用现配，若放置太久，则与碘形成的络合物不呈蓝色而呈紫色或红色。这种红紫色络合物使滴定时退色慢，终点标定不灵敏。

## (一) 维生素C的含量测定(直接碘量法)

### 【实验目的】

(1) 通过维生素C的含量测定了解直接碘量法的原理和过程。

(2) 学会硫代硫酸钠标准溶液的配制和标定。

### 【实验原理】

维生素C(VC)又叫抗坏血酸，分子式为 $C_6H_8O_6$。维生素C是强还原性物质，可以用 $I_2$ 标准溶液直接测定。在弱酸性溶液中①，维生素C分子中的烯二醇结构

---

① 由于维生素C的还原性相当强，在碱性溶液中易被空气氧化，所以加稀HAc使它保持在酸性溶液中，以减少维生素C受 $I_2$ 以外的氧化剂作用的影响。

维生素C在有水或潮湿的情况下易分解成糠醛。

被 $I_2$ 氧化成二酮基：

$$\text{抗坏血酸} + I_2 \rightleftharpoons \text{脱氢抗坏血酸} + 2HI$$

固体 $I_2$ 在水中的溶解度很小（0.001 33 mol·$L^{-1}$），故通常将 $I_2$ 溶解在 KI 溶液中形成 $I_3^-$，这样既增加了 $I_2$ 的溶解，又降低了 $I_2$ 的挥发。碘标准溶液可用升华碘直接配制，但由于碘的挥发性和腐蚀性，不宜在天平上称量，通常先配成近似浓度，再用 $Na_2S_2O_3$ 标准溶液标定（或用 $As_2O_3$ 一级标准物质进行标定）。

硫代硫酸钠（$Na_2S_2O_3 \cdot 5H_2O$）为无色的晶体，常含少量 S、$Na_2CO_3$ 和 $Na_2SO_4$ 等杂质，且易风化、潮解，一般不能直接配制标准溶液。$Na_2S_2O_3$ 溶液的准确浓度常用一级标准物质 $K_2Cr_2O_7$ 采用置换滴定法进行标定。$K_2Cr_2O_7$ 在强酸性溶液中与过量的 KI 反应，定量地析出 $I_2$，再用待标定的 $Na_2S_2O_3$ 溶液滴定析出的 $I_2$，便可以求出 $I_2$ 溶液的准确浓度。其反应为

$$Cr_2O_7^{2-} + 6I^- + 14H^+ = 3I_2 + 2Cr^{3+} + 7H_2O$$

$$I_2 + 2S_2O_3^{2-} = 2I^- + S_4O_6^{2-}$$

根据等物质的量规则，有如下的定量关系：

$$n(K_2Cr_2O_7) = n(6Na_2S_2O_3) = n(3I_2)$$

$$c(Na_2S_2O_3) = \frac{6m(K_2Cr_2O_7)}{M(K_2Cr_2O_7)V(Na_2S_2O_3)}$$

$$c(I_2) = \frac{\frac{1}{2}c(Na_2S_2O_3)V(Na_2S_2O_3)}{V(I_2)}$$

则维生素 C 的含量可按下式计算：

$$w(VC) = \frac{c(I_2)V(I_2) \times M(C_6H_8O_6)}{m(VC)}$$

## 【仪器材料】

酸式滴定管（50 mL）、锥形瓶（250 mL）、量筒（10 mL、100 mL）。

## 【试剂药品】

药用维生素 C（片剂）、稀 HAc（6 mol·$L^{-1}$）、淀粉指示液（5%水溶液）、$Na_2S_2O_3$

(0.05 mol・$L^{-1}$)、$I_2$(0.05 mol・$L^{-1}$)。

## 【实验步骤】

### 1. $Na_2S_2O_3$溶液的配制和标定

称取6.8 g $Na_2S_2O_3\cdot5H_2O$和0.2 g $Na_2CO_3$,置于小烧杯中,加适量刚煮沸并冷却的蒸馏水溶解稀释至1 000 mL①,转移至棕色瓶中,放置7天后再进行标定。

称取0.32~0.35 g(精确至0.1 mg) $K_2Cr_2O_7$分析纯,置于小烧杯中,加少量水溶解并转入250 mL容量瓶中,稀释至刻度,摇匀。用移液管移取25 mL至碘量瓶中,加入0.6 mol・$L^{-1}$ KI 3 mL和3 mol・$L^{-1}$ $H_2SO_4$ 2 mL,塞紧摇匀,在暗处放置5 min,用20 mL蒸馏水稀释②(注意同时淋洗玻璃塞及锥形瓶内壁),用$Na_2S_2O_3$溶液进行滴定至溶液呈黄绿色时,加入淀粉③指示剂2 mL,然后继续滴至蓝色恰好消失,溶液呈现$Cr^{3+}$的亮绿色即为滴定终点。记录所消耗$Na_2S_2O_3$溶液的体积,重复测定2次,计算$Na_2S_2O_3$溶液的准确浓度。

### 2. $I_2$溶液的配制和标定

称取7 g $I_2$放入盛有100 mL 2 mol・$L^{-1}$ KI溶液的研钵中研磨至完全溶解,转移至烧杯中,加浓HCl④2滴,蒸馏水适量,移入棕色瓶中,再加入蒸馏水稀释至1 000 mL,混匀,放暗处保存待标定。

取25 mL $Na_2S_2O_3$标准溶液于锥形瓶中,加入淀粉指示剂2~3 mL,用装入酸式滴定管中的$I_2$溶液滴定至颜色恰呈蓝色即为滴定终点。记录消耗$I_2$溶液的体

---

① 配制$Na_2S_2O_3$标准溶液的蒸馏水必须用新煮沸过的冷蒸馏水,因为水中的$CO_2$和$O_2$能分解和氧化$Na_2S_2O_3$,而且煮沸还能达到无菌的目的(嗜硫菌等能分解$Na_2S_2O_3$,这是硫代硫酸钠分解的主要原因)。此外,在溶液中加少量$Na_2CO_3$作稳定剂以使溶液的pH维持在9~10。

② 进行滴定前,溶液应加以稀释。一为降低酸度,减慢$I^-$被空气氧化的速率,又可使$Na_2S_2O_3$的分解作用减小;二为使终点时溶液中的$Cr^{3+}$颜色不致太深而影响终点的观察。

③ 为防止大量碘被淀粉吸附得较牢,使标定结果偏低,应在滴定至近终点、溶液呈浅黄绿色时,再加入淀粉指示剂。若滴定至终点后,溶液迅速回蓝,表明$Cr_2O_7^{2-}$与$I^-$反应不完全,可能是由酸度不足或稀释过早引起的,应重新标定;若滴定至终点经5分钟后回蓝,则是由空气中$O_2$氧化溶液中$I^-$引起的,不影响标定结果。

④ 加入少量HCl,一方面是因为配制$Na_2S_2O_3$时加入了少量$Na_2CO_3$,以使滴定反应不致在碱性环境中进行;另一方面是使KI中可能存在的少量$KIO_3$与KI作用生成$I_2$,以免$KIO_3$对测定产生影响。

积，重复滴定2次。计算 $I_2$ 溶液的准确浓度。

### 3．维生素C的含量测定

称取0.13～0.15 g维生素C粉末(取20片维生素C片，研细，称取量相当于1片维生素C)于锥形瓶中，加入新煮沸放冷的蒸馏水50 mL及6 mol・$L^{-1}$ HAc 5 mL，混合使之溶解，加淀粉指示液3～5滴，立即用 $I_2$ 标准溶液滴定至溶液为稳定的蓝色(半分钟内不褪色)，即为滴定终点①。重复测定2次，根据 $I_2$ 标准溶液的浓度和所消耗的体积，计算维生素C的含量及相对平均偏差。

## 【数据记录和处理】

(1) $Na_2S_2O_3$ 溶液的配制和标定：$m(K_2Cr_2O_7)$ = ________g，$c(Na_2S_2O_3)$ = ________mol・$L^{-1}$。

(2) $I_2$ 溶液的配制和标定：$c(I_2)$ = ________mol・$L^{-1}$。

(3) 维生素C的含量测定：$\omega$ = ________。

## 【思考题】

(1) 为什么维生素C的含量可以用直接碘量法测定？为什么要在HAc溶液中测定？

(2) 配制 $I_2$ 溶液时为什么要加入过量的KI？

(3) 溶解样品时为什么要用新煮沸放凉的蒸馏水？

---

① 维生素C的滴定反应多在HAc酸性溶液中进行，是因为在酸性介质中，维生素C受空气中氧的氧化速率稍慢，较为稳定。但样品溶于稀酸后，仍需立即进行滴定。

## （二）葡萄糖含量测定(间接碘量法)

### 【实验目的】

（1）学习碘量法的实验操作，熟悉碘的价态变化条件及其在测定葡萄糖时的应用。

（2）巩固标准溶液的配制及标定等操作技术。

### 【实验原理】

$I_2$与 NaOH 作用可生成次碘酸钠(NaIO)，葡萄糖($C_6H_{12}O_6$)分子中的醛基可定量地被 NaIO 氧化成羧基：

$$I_2 + 2NaOH = NaIO + NaI + H_2O$$

$$C_6H_{12}O_6 + NaOH + NaIO = C_6H_{11}O_7Na + NaI + H_2O$$

未与葡萄糖作用的 NaIO 在碱性溶液中歧化成 NaI 和 $NaIO_3$：

$$3NaIO = NaIO_3 + 2NaI$$

当酸化溶液时，$NaIO_3$又生成 $I_2$析出：

$$NaIO_3 + 5NaI + 6HCl = 3I_2 + 6NaCl + 3H_2O$$

这样，用 $Na_2S_2O_3$标准溶液滴定析出的 $I_2$，便可求出葡萄糖的含量：

$$I_2 + 2Na_2S_2O_3 = Na_2S_4O_6 + 2NaI$$

因为 1 mol $I_2$ 产生 1 mol NaIO，而 1 mol $C_6H_{12}O_6$消耗 1 mol NaIO，所以，相当于 1 mol $C_6H_{12}O_6$消耗 1 mol $I_2$。

根据等物质的量规则，有如下的定量关系：

$$c(I_2) = \frac{\frac{1}{2}c(Na_2S_2O_3)V(Na_2S_2O_3)}{V(I_2)}$$

$$\rho(C_6H_{12}O_6) = \frac{\frac{1}{2}[2c(I_2)V(I_2) - c(Na_2S_2O_3)V(Na_2S_2O_3)] \times M(C_6H_{12}O_6)}{V(C_6H_{12}O_6)}$$

### 【仪器材料】

分析天平、酸式滴定管(50 mL)、锥形瓶(250 mL)、量筒(10 mL)、烧杯

(250 mL、1 000 mL)、容量瓶(250 mL)、移液管(25 mL)。

## 【试剂药品】

HCl(2 mol·$L^{-1}$)、NaOH(0.2 mol·$L^{-1}$)、$Na_2S_2O_3$(0.05 mol·$L^{-1}$)、$I_2$(0.05 mol·$L^{-1}$)①、淀粉溶液(0.5%)、KI(分析纯)。

## 【实验步骤】

### 1. $I_2$ 溶液的标定

移取 25 mL $I_2$溶液于 250 mL 锥形瓶中,加入 100 mL 蒸馏水稀释,用已标定好的 $Na_2S_2O_3$标准溶液滴至浅黄色,加入 2 mL 淀粉溶液,继续滴定至蓝色刚好消失,即为滴定终点。记录消耗 $I_2$溶液的体积,重复滴定 2 次。计算 $I_2$溶液的准确浓度。

### 2. $C_6H_{12}O_6$含量的测定

取 5%葡萄糖注射液 1 mL 准确稀释 100 倍,摇匀后移取 25 mL 于锥形瓶中,准确加入 $I_2$标准溶液 25 mL,在摇动下缓慢滴加 0.2 mol·$L^{-1}$ NaOH 溶液②,直至溶液变为浅黄色。

盖上表面皿,放置 10~15 min。然后加入 2 mL HCl 溶液使成酸性,立即用 $Na_2S_2O_3$标准溶液滴定至浅黄色,加入 2 mL 淀粉溶液,继续滴定至蓝色消失,即为滴定终点。记录消耗 $Na_2S_2O_3$溶液的体积,重复滴定 2 次。计算试样中葡萄糖的含量(g·$L^{-1}$)及相对平均偏差。

## 【数据记录和处理】

(1) $I_2$溶液的标定:c($Na_2S_2O_3$) = __________ mol·$L^{-1}$,$c$($I_2$) = __________ mol·$L^{-1}$。

---

① 配制 $I_2$ 溶液时,一定要等固体 $I_2$ 完全溶解后再转移,实验结束时,将剩余的 $I_2$ 溶液倒入回收瓶中。

② 氧化葡萄糖时,加入稀 NaOH 溶液的速度不能过快,否则,暂时过量的 $IO^-$ 来不及和葡萄糖反应就歧化为不具氧化性的 $IO_3^-$,致使葡萄糖氧化不完全,使测定结果偏低。

（2）$C_6H_{12}O_6$含量的测定：$\rho =$ ________ $g \cdot L^{-1}$。

## 【思考题】

（1）计算葡萄糖含量时是否需要$I_2$溶液的浓度值？

（2）$I_2$溶液可否装在碱式滴定管中？为什么？

（3）设计实验：① 碘盐、海带中碘含量的测定；② 水果中抗坏血酸含量的测定。

（汪显阳）

# 实验三　水的硬度测定(配合滴定法)

## 【实验目的】

(1) 掌握配位滴定法测定水的总硬度的原理和方法。

(2) 通过铬黑 T 和钙指示剂的应用,了解金属指示剂的特点。

(3) 了解水的硬度的测定意义以及常用的水的硬度表示方法。

## 【实验原理】

水的总硬度是指水中 $Ca^{2+}$、$Mg^{2+}$ 的总浓度。世界各种表示水硬度的方法不尽相同,我国常采用如下两种方法表示:

一种是用度(°)表示,将 $Ca^{2+}$、$Mg^{2+}$ 的含量折算为 CaO 时,1 硬度单位表示 10 万份水中含有 1 份 CaO,即每升水中含 10 mg CaO($1° = 10\ mg \cdot L^{-1}$)。一般把小于 4°的水称为很软的水,4°～8°的水称为软水,8°～16°的水称为中等硬水,16°～32°的水称为硬水,大于 32°的水称为超硬水。一般饮用水的适宜硬度以 10°～20°为宜。

另一种表示方法即将 $Ca^{2+}$、$Mg^{2+}$ 的含量折算为 $CaCO_3$,以 $CaCO_3$($mg \cdot L^{-1}$)表示。我国的生活饮用水规定,总硬度以 $CaCO_3$ 计,不得超过 450 $mg \cdot L^{-1}$。否则,生活饮用水中硬度过高会影响肠胃的消化功能。

测定水的硬度常采用配位(合)滴定法。配位滴定法是利用配合反应进行物质含量测定的一类容量分析方法。用乙二胺四乙酸二钠盐溶液滴定水中的 $Ca^{2+}$、$Mg^{2+}$ 总量,然后换算成相应的硬度单位。

配合滴定法中普遍采用的配合剂是氨羧配合剂,它们能与多种金属离子发生螯合反应生成稳定的螯合物。在氨羧配合剂中,应用最广的是乙二胺四乙酸,简称 EDTA,常以 $H_4Y$ 表示,因此,配合滴定法又常称为螯合滴定法或 EDTA 滴定法。

乙二胺四乙酸难溶于水，所以常以它的二钠盐(用 $Na_2H_4Y \cdot 2H_2O$ 表示)来配制标准溶液。常用的浓度是 0.01～0.05 $mol \cdot L^{-1}$。标定 EDTA 溶液的一级标准物质很多，如 Zn、ZnO、$CaCO_3$ 等。最好选用与被测物质组分相同的物质作为一级标准物质，以便减小滴定误差。

EDTA 与金属离子的螯合反应主要是 $Y^{4-}$ 与金属离子的螯合，它与各种价态的金属离子一般均形成 1∶1 的具有可溶性的稳定螯合物。

例如：EDTA 与 $Ca^{2+}$、$Mg^{2+}$ 的螯合反应：

$$Ca^{2+} + H_2Y^{2-} \rightleftharpoons CaY^{2-} + 2H^+$$

$$Mg^{2+} + H_2Y^{2-} \rightleftharpoons MgY^{2-} + 2H^+$$

配合滴定法一般用金属指示剂指示滴定终点。金属指示剂是一种配合剂，它能与金属离子生成与其本身具有明显不同颜色的配合物，从而指示滴定终点。

通过 EDTA 滴定法测定水中的 $Ca^{2+}$ 和 $Mg^{2+}$ 的总量以及 $Ca^{2+}$ 的含量，从而获得 $Mg^{2+}$ 的含量。在测定 $Ca^{2+}$ 时，取一份水样，用 NaOH 调节溶液 pH>12，此时 $Mg(OH)_2$ 沉淀，然后加入钙指示剂($HIn^{2-}$)少许，它只能与 $Ca^{2+}$ 螯合，形成红色的指示剂配合物，使溶液显红色。逐滴滴加 EDTA 标准溶液时，EDTA 先与游离的 $Ca^{2+}$ 螯合，使 $Ca^{2+}$ 浓度逐渐下降。至反应完全时，EDTA 便夺取已和钙指示剂螯合的 $Ca^{2+}$，使指示剂游离。溶液由红色变为蓝色，即为滴定终点。反应如下：

滴定前

$$\underset{}{Ca^{2+}} + \underset{(蓝色)}{HIn^{2-}} \rightleftharpoons \underset{(红色)}{CaIn^-} + H^+$$

终点时

$$\underset{(红色)}{CaIn^-} + H_2Y^{2-} \rightleftharpoons CaY^{2-} + \underset{(蓝色)}{HIn^{2-}} + H^+$$

在测定 $Ca^{2+}$、$Mg^{2+}$ 含量时，另取一份水样，用 $NH_3-NH_4Cl$ 缓冲溶液①②控制待测溶液的 pH=10。以铬黑 T 为指示剂③，EDTA 和铬黑 T 与 $Ca^{2+}$、$Mg^{2+}$ 生成的配合物的稳定性顺序为 $CaY^{2-} > MgY^{2-} > MgIn^- > CaIn^-$，当指示剂加入水样后，便与 $Mg^{2+}$ 反应。达到计量点时，EDTA 从配合物 $MgIn^-$ 中夺取 $Mg^{2+}$，使指示

① 在 EDTA 滴定过程中，不断有 $H^+$ 释放出来，使溶液的酸度升高，所以，在 EDTA 滴定中，常需加入一定量的缓冲溶液以控制溶液的酸度。

② $NH_3-NH_4Cl$ 缓冲溶液的配制(pH=10)：称取 6.75 g $NH_4Cl$ 溶于 20 mL 蒸馏水中，加入 57 mL 浓氨水，加水稀释至 100 mL，摇匀。

③ 铬黑 T 与 $Mg^{2+}$ 显色的灵敏度高，与 $Ca^{2+}$ 显色的灵敏度低，当水样中 $Ca^{2+}$ 含量高而 $Mg^{2+}$ 含量低时，往往得不到敏锐的滴定终点。可在标定前加入适量的 $MgY^{2-}$，利用置换法提高终点变色的敏锐性。

剂游离出来。溶液由红色变成蓝色,即为滴定终点。反应如下:

滴定前

$$\underset{(\text{蓝色})}{Mg^{2+} + HIn^{2-}} \rightleftharpoons \underset{(\text{红色})}{MgIn^{-} + H^{+}}$$

终点时

$$\underset{(\text{红色})}{MgIn^{-} + H_2Y^{2-}} \rightleftharpoons \underset{(\text{蓝色})}{MgY^{2-} + HIn^{2-} + H^{+}}$$

根据 EDTA 标准溶液的用量,计算水中 $Ca^{2+}$ 、$Mg^{2+}$ 含量。

## 【仪器材料】

分析天平、台秤、表面皿、移液管(25 mL)、容量瓶(250 mL)、量筒(100 mL)、酸式滴定管、锥形瓶(250 mL)、烧杯(100 mL)。

## 【试剂药品】

乙二胺四乙酸二钠盐、固体 $CaCO_3$(AR)、固体 $NH_4Cl$(AR)、6 mol・$L^{-1}$HCl 溶液、6 mol・$L^{-1}$NaOH 溶液、铬黑 T、钙指示剂、浓氨水。

## 【实验步骤】

### 1. EDTA 标准溶液的配制和标定

(1) EDTA 溶液的配制

称取分析纯乙二胺四乙酸二钠盐 0.950 0 g[$M(Na_2H_4Y \cdot 2H_2O) = 372.3\ g \cdot mol^{-1}$],溶于少量温蒸馏水中,冷却后稀释到 250 mL,摇匀。

(2) EDTA 溶液浓度的标定

① $CaCO_3$ 一级标准物质溶液的配制。

用分析天平准确称取 0.24~0.26 g 分析纯 $CaCO_3$① 于 100 mL 烧杯中,盖上表面皿。往烧杯中加入少量蒸馏水润湿,再从烧杯嘴逐滴加入 6 mol・$L^{-1}$HCl 数

① 取适量的 $CaCO_3$ 一级标准物质于称量瓶中,在 110 ℃干燥 2 小时后,置于干燥器中冷却,备用。

毫升至完全溶解，用蒸馏水把可能溅到表面皿上的溶液洗入烧杯中，转移至 250 mL 容量瓶中，稀释至刻度，摇匀。

② EDTA 溶液浓度的标定。

用移液管吸取 25 mL 碳酸钙标准溶液于 250 mL 锥形瓶中，加入 25 mL 蒸馏水，20 mL $NH_3-NH_4Cl$ 缓冲溶液和铬黑 T 指示剂 3 滴，摇匀。用待标定的 EDTA 溶液滴定至溶液由红色变为蓝色，即为滴定终点，记下消耗的 EDTA 溶液体积，重复滴定 1～2 次。

### 2. 水中 $Ca^{2+}$、$Mg^{2+}$ 含量测定

（1）钙含量的测定

用移液管吸取水样 50 mL 于 250 mL 锥形瓶中，加入 3 mL 浓度为 6 $mol \cdot L^{-1}$ NaOH 溶液（使溶液的 pH＞12），再加入钙指示剂少许（火柴头大小），摇匀。用 EDTA 标准溶液滴定至溶液由红色变为蓝色，即为滴定终点[①②]，记下消耗的 EDTA 标准溶液的体积 $V_1$（mL），重复滴定 1～2 次。

（2）钙和镁的总量测定

用移液管吸取水样 50 mL 于 250 mL 锥形瓶中，加入 $NH_3-NH_4Cl$ 缓冲溶液 5 mL 和铬黑 T 指示剂 3 滴，摇匀。用 EDTA 标准溶液滴定至溶液由红色变为蓝色，即为滴定终点。记录所用 EDTA 标准溶液的体积 $V_2$（mL），重复滴定 1～2 次。

按下式计算水样中钙、镁的含量：

$$Ca^{2+}\text{含量}(mg \cdot L^{-1}) = \frac{c(EDTA) \cdot V_1(EDTA) \cdot M(Ca)}{50} \times 1\,000$$

$$Mg^{2+}\text{含量}(mg \cdot L^{-1}) = \frac{c(EDTA) \cdot [V_2(EDTA) - V_1(EDTA)] \cdot M(Mg)}{50} \times 1\,000$$

$$Ca^{2+} + Mg^{2+}\text{含量}(mg \cdot L^{-1}) = \frac{c(EDTA) \cdot V_2(EDTA) \cdot M(CaO)}{50} \times 1\,000$$

---

① 水中有少量干扰离子（如 $Fe^{3+}$、$Al^{3+}$）存在时，可加 1～3 mL 1∶2 的三乙醇胺溶液作掩蔽剂。

② 在滴定时的氨性溶液中，当 $Ca(HCO_3)_2$ 含量高时，可能慢慢析出 $CaCO_3$ 沉淀，使滴定终点拖长，变色不敏锐，这时可于滴定前将溶液酸化，即加入 1～2 滴 1∶1 的 HCl，煮沸溶液以除去 $CO_2$。但 HCl 不宜加多，否则影响滴定时溶液的 pH。

## 【数据记录和处理】

（1）$m(CaCO_3)$ = ________g。

（2）EDTA 浓度的标定：

计算得到的 EDTA 浓度 $c$(EDTA) = ________mol·$L^{-1}$。

（3）钙含量的测定：

计算得到水样中 $Ca^{2+}$ 的含量 = ________mg·$L^{-1}$。

（4）镁含量的测定：

计算得到水样中 $Mg^{2+}$ 的含量 = ________mg·$L^{-1}$。

（5）水样中 $Ca^{2+}$、$Mg^{2+}$ 的总量 = ________mg·$L^{-1}$，水的硬度为________度。

## 【思考题】

（1）为什么分析钙硬度时需要用 6 mol·$L^{-1}$ NaOH 溶液调至溶液的 pH>12，再进行滴定？

（2）为什么配合滴定都要控制一定的 pH？

（3）铬黑 T 指示剂如何指示滴定终点？

（4）用 EDTA 滴定水的硬度时，哪些离子对测定有干扰？如何消除？

（5）配合滴定法和酸碱滴定法相比有何不同之处？

（徐小岚）

# 实验四　磷酸的电位滴定

## 【实验目的】

（1）学习电位滴定的基本原理和操作技术。

（2）掌握电位滴定确定终点的方法（pH - $V$ 曲线、dpH/d$V$ - $V$ 曲线、$d^2$pH/d$V^2$ - $V$ 曲线制作或内插法）。

## 【实验原理】

电位滴定法是根据滴定过程中电池电动势的突变来确定终点的方法。

磷酸的分步电离：

$$H_3PO_4 \rightleftharpoons H_2PO_4^- + H^+ \quad (pK_{a_1} = 2.12)$$

$$H_2PO_4^- \rightleftharpoons HPO_4^{2-} + H^+ \quad (pK_{a_2} = 7.20)$$

$$HPO_4^{2-} \rightleftharpoons PO_4^{3-} + H^+ \quad (pK_{a_3} = 12.36)$$

基于分步滴定条件磷酸第三级解离的 $H^+$ 不能被强碱滴定；磷酸不能直接进行分步滴定。

磷酸的电位滴定，以 NaOH 标准溶液为滴定剂，饱和甘汞电极为参比电极，玻璃电极为指示电极，将此两电极插入试液中，组成原电池（图 4.1）。

电位滴定工作电池：

Ag，AgCl | HCl（0.1 mol·$L^{-1}$） | 玻璃膜 | 磷酸试液 | KCl（饱和） | $Hg_2Cl_2$，Hg | Pt

玻璃电极（指示电极）　　　　甘汞电极（参比电极）

（pH 复合电极：由玻璃电极和参比电极组合而成的电极。）

随着滴定剂的不断加入，被测物与滴定剂发生反应，电池电动势、溶液的 pH 不断变化。以加入滴定剂的体积为横坐标，相应的 pH 为纵坐标，则可绘制 pH - $V$

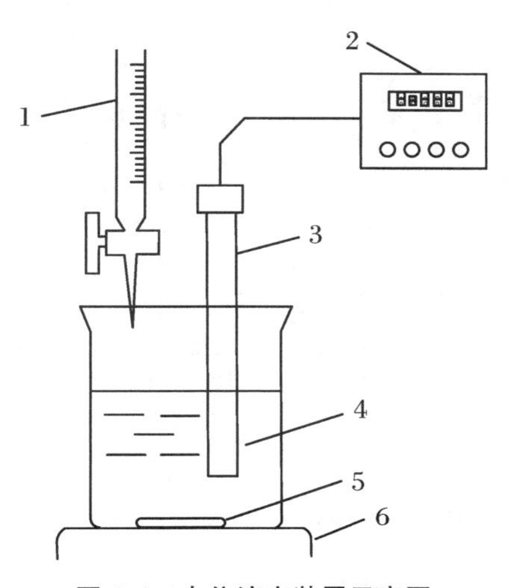


**图 4.1 电位滴定装置示意图**

1:滴定管;2:酸度计;3:复合电极;4:试液;5:铁芯搅拌棒;6:电磁搅拌器

滴定曲线,由曲线确定滴定终点。也可采用一级微商法 $\Delta pH/\Delta V - V$ 或二级微商法 $\Delta^2 pH/\Delta V^2 - V$ 确定滴定终点(图 4.2)。

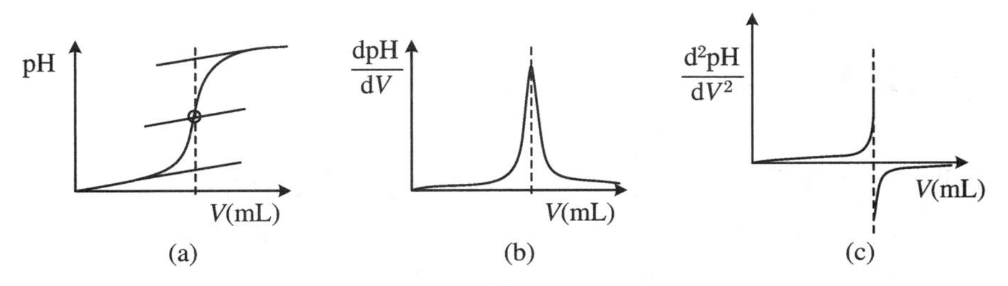


**图 4.2 电位滴定数据处理:确定终点的方法**

如图 4.3 所示,从 NaOH 溶液滴定 $H_3PO_4$ 的 $pH - V$ 曲线上不仅可以确定滴定终点,而且也能求出 $H_3PO_4$ 的浓度及其 $K_{a_1}$ 和 $K_{a_2}$。$H_3PO_4$ 在水溶液中是分步离解的,即

$$H_3PO_4 \rightleftharpoons H^+ + H_2PO_4^-$$

$$K_{a_1} = \frac{[H^+][H_2PO_4^-]}{[H_3PO_4]} \qquad ①$$

当用 NaOH 标准溶液滴定到 $[H_3PO_4] = [H_2PO_4^-]$ 时,根据①式,此时 $K_{a_1} = [H^+]$,即 $pK_{a_1} = pH$。故 $1/2\,V_{eq_1}$(第一半中和点)对应的 pH 即为 $pK_{a_1}$。

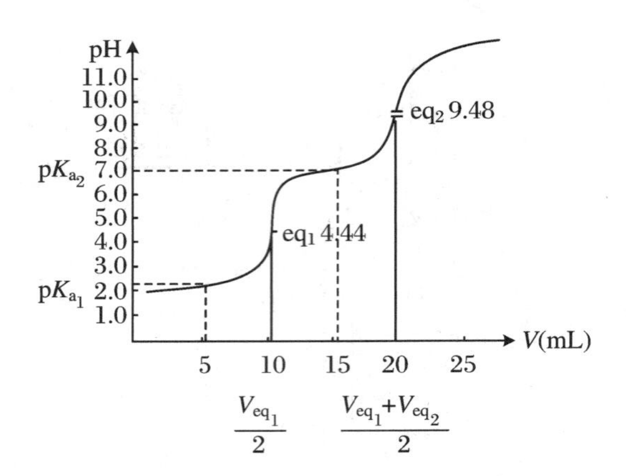


图 4.3　NaOH(0.1 mol・$L^{-1}$)滴定 $H_3PO_4$(0.1 mol・$L^{-1}$)

$$H_2PO_4^- \rightleftharpoons H^+ + HPO_4^{2-}$$

$$K_{a_2} = \frac{[H^+][HPO_4^{2-}]}{[H_2PO_4^-]} \quad ②$$

当继续用 NaOH 标准溶液滴定到$[H_2PO_4^-]=[HPO_4^{2-}]$时，根据②式，此时的$K_{a_2}=[H^+]$，即 $pK_{a_2}=pH$，故第二半中和点体积对应的 pH 即为 $pK_{a_2}$。

## 【仪器材料】

pHS－3C 型酸度计、复合 pH 电极(玻璃电极、饱和甘汞电极)、电磁搅拌器、铁芯搅拌棒、烧杯(100 mL)、移液管(25 mL)、洗耳球、微量滴定管(5 mL)、刻度吸管(10 mL)、量筒(20 mL)、碱式滴定管(25 mL)、锥形瓶。

## 【试剂药品】

0.05 mol・$L^{-1}$邻苯二甲酸氢钾标准缓冲溶液、0.025 mol・$L^{-1}$混合磷酸盐标准缓冲溶液、磷苯二甲酸氢钾基准物、酚酞指示剂、0.1 mol・$L^{-1}$NaOH 标准溶液、0.1 mol・$L^{-1}$$H_3PO_4$溶液。

## 【实验步骤】

(1) 用邻苯二甲酸氢钾标准缓冲液(0.05 mol・$L^{-1}$)、混合磷酸盐标准缓冲溶

液($0.025\ mol\cdot L^{-1}$)校准酸度计。

(2) 用移液管吸取 10.00 mL 磷酸样品溶液,置于 100 mL 烧杯中,加蒸馏水 20 mL,插入玻璃电极[①]和饱和甘汞电极(或复合 pH 电极)。接通电源、稳压器、酸度计,待酸度计上 pH 不变,则开动搅拌器[②],温度调至室温,用 NaOH 标准溶液进行滴定。在滴加 NaOH 标准溶液的过程中,开始应每加入 2.00 mL 测量 pH[③] 一次。在接近等量点时,每次加入 NaOH 标准溶液的体积逐渐减小。在等量点前后以每加一滴[④](约 0.05 mL)测定一次 pH。每次滴加的 NaOH 标准溶液体积相等,以便于处理数据。继续滴定至过了第二个等量点为止。

## 【数据记录和处理】

(1) NaOH 标准溶液体积及溶液的 pH。

(2) 计算 $\Delta^2 pH/\Delta V^2$。

(3) 手工或电脑绘制 pH - $V$ 曲线,求出第一、第二等量点消耗的 NaOH 溶液体积(或采用一级微商法绘制 $\Delta pH/\Delta V - \bar{V}$ 曲线或二级微商法绘制 $\Delta^2 pH/\Delta V^2 - V$ 曲线确定滴定终点),第一、第二半中和点体积所对应的 pH,分别为 $H_3PO_4$ 的 $pK_{a_1}$、$pK_{a_2}$。

(4) 求 $H_3PO_4$ 的物质的量浓度。

$$c(H_3PO_4) = \frac{c(NaOH)\times V_{eq_1}}{10.00}$$

式中 $V_{eq1}$ 为第一等量点所消耗的 NaOH 标准溶液的体积。

## 【思考题】

(1) $H_3PO_4$ 是三元酸,为何在 pH - $V$ 滴定曲线仅出现 2 个“突跃”?

---

① 安装玻璃电极时,既要使电极插入测量溶液中,又要防止烧杯中转动的铁芯搅拌棒触及玻璃电极。

② 搅拌速度不宜太快,以免溶液溅出。

③ 随着滴定剂的加入,中和反应会迅速发生,但电极响应需要一定的时间。所以,应在滴加标准溶液搅拌平衡后,停止搅拌,静态读取酸度计 pH,以得到稳定的读数。一般在 1 分钟之后记录数据,切忌滴定剂加入后立即读数。在化学计量点前后,每次加入体积应相等为佳,这样在数据处理时较为方便。用玻璃电极测定碱溶液时,速度要快,测量后要将电极置于蒸馏水中复原。

④ 用滴定管加入少量滴定剂(如 0.05 mL),可用一支细玻璃棒碰一下滴定管尖嘴端,再插入溶液中。不可用洗瓶冲洗滴定管尖端,以免滴定液被稀释影响滴定的突跃。但应注意玻璃棒在烧杯中放置时勿碰到转动的搅拌棒。

（2）用 NaOH 滴定 $H_3PO_4$ 时，第一等量点和第二等量点所消耗的 NaOH 体积理应相等，但实际上并不相等，为什么？

（3）电位滴定过程中，能否用 $E$ 的变化代替 pH 的变化？

（4）如何根据滴定弱碱的数据求它的 $K_b$？

## 【拓展阅读】

### Origin 在磷酸电位滴定实验中的应用

Origin 在磷酸电位滴定实验中的应用的操作步骤如下：

1．数据输入及绘制 pH－$V$ 滴定曲线

打开 Origin 窗口，在“Data1”窗口中输入磷酸电位滴定实验数据：A（$X$）－$V_{NaOH}$（mL），B（$Y$）－pH。选中 A（$X$）－$V_{NaOH}$（mL）、B（$Y$）－pH 列数据，然后选择菜单命令“plot\Line”，或在 2D 绘图工具栏中直接单击快捷按钮，在出现的“Graph1”窗口会显示以滴定剂的体积 $V_{NaOH}$（mL）为横坐标，以相应的 pH 为纵坐标的 pH－$V$ 滴定曲线，最后根据需要再分别双击坐轴标、轴标签和图例进行修改，如图 4.4(a)所示。

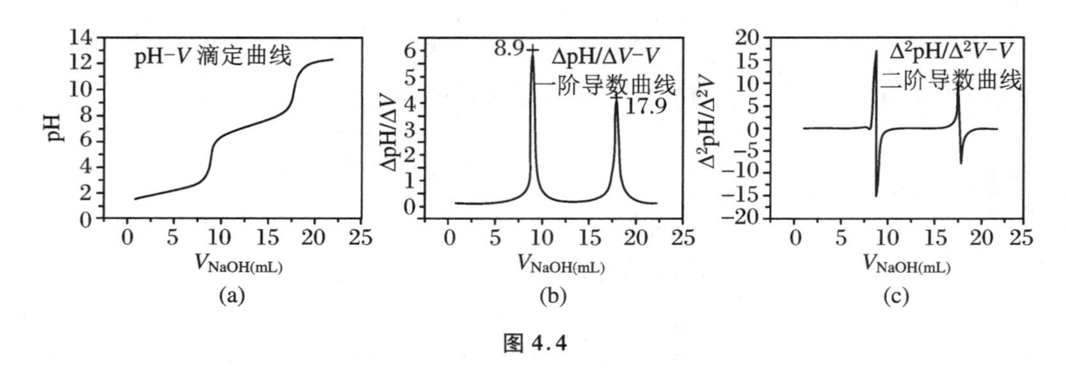


图 4.4

2．绘制 $\Delta pH/\Delta V-V$ 一阶导数曲线、$\Delta^2 pH/\Delta^2 V-V$ 二阶导数曲线

在当前“Graph1”窗口下，选择菜单命令“Analysis\Calculus\Differentiate”，Origin 将自动计算 pH-$V$ 滴定曲线各点的导数值，并在出现的“Deriv”窗口显示以滴定剂的体积 $V_{NaOH}$（mL）为横坐标，以相应的导数 $\Delta pH/\Delta V$ 为纵坐标的 $\Delta pH/\Delta V-V$ 一阶导数曲线，如图 4.4(b)所示。

在当前“Deriv”窗口下，再次选择菜单命令“Analysis\Calculus\Differentiate”，在出现的“Deriv”窗口会显示以滴定剂的体积 $V_{NaOH}$(mL)为横坐标，以相应的导数 $\Delta^2 pH/\Delta^2 V$ 为纵坐标的 $\Delta^2 pH/\Delta^2 V-V$ 二阶导数曲线，如图 4.4(c)所示。

### 3. 滴定终点的确定及磷酸离解常数

(1) 由 $\Delta pH/\Delta V-V$ 一阶导数曲线确定滴定终点

在 $\Delta pH/\Delta V-V$ 一阶导数曲线上，选择菜单命令“tools\pick peaks”，在出现的“Pick”对话框中，单击下面的 Find Peaks 按钮即可自动在一阶导数曲线上添加峰值的横坐标 $V_{NaOH}$(mL)，此即为第一、第二滴定终点的 $V_{eq}$(mL)，如图 4.4(b)所示。

(2) 由 $\Delta^2 pH/\Delta^2 V-V$ 二阶导数曲线确定滴定终点

在 $\Delta^2 pH/\Delta^2 V-V$ 二阶导数曲线上，选择菜单命令“Tools\Baseline”，在出现的“Baseline”窗口的“Automatic”文本框中输入一个较大数字，在“Y=”文本框中输入 0，单击 Create Baseline 按钮即可在二阶导数曲线图上绘出 0 基线(图 4.5(a))。单击工具栏中🔍按钮，在二阶导数曲线与 0 基线交点附近拖放使曲线放大；再单击工具栏中⊞按钮，查询二阶导数曲线与 0 基线交点对应的坐标 $V_{NaOH}$(mL)，此即为滴定终点的 $V_{eq}$(mL)(图 4.5(b)、图 4.5(c))。

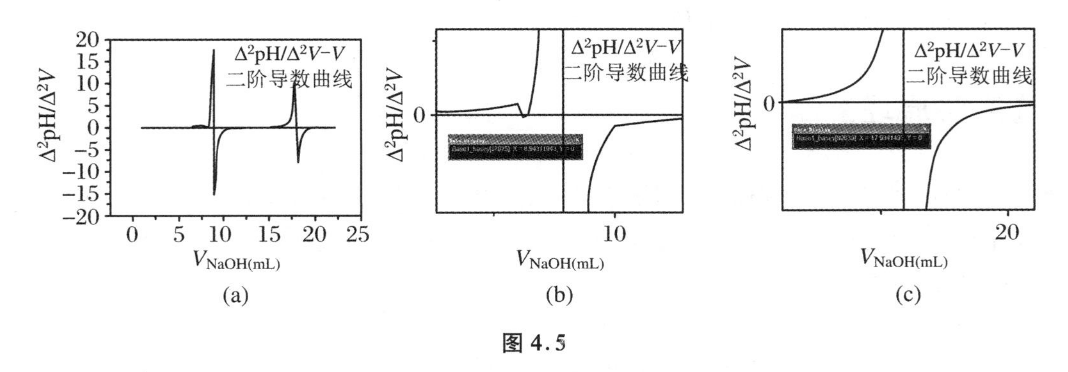


图 4.5

(3) 确定磷酸离解常数

在“Graph1”窗口下，选择菜单命令“Analysis\Interpolate\Extrapolate”，在弹出的窗口中的“Make Curve Xmin”文本框中输入半等量点时所消耗的 $V_{NaOH}$，单击 OK 按钮，然后在下面项目管理器中双击 InterExtrap1，在出现的插值数据工作表中可查到对应的 pH，此即为 $pK_a$。

(汪显阳)

# 实验五　伏安分析法

## 一、循环伏安法判断电极过程

### 【实验目的】

（1）掌握用循环伏安法判断电极过程的可逆性。

（2）学会使用电化学综合分析系统。

（3）测量峰电流和峰电位。

### 【实验原理】

循环伏安法与单扫描极谱法相似。在电极上施加线性扫描电压，当达到某设定的终止电压后，再反向回扫至起始电压。若溶液中存在氧化态物质O，电极上将发生还原反应：

$$O + Ze \rightleftharpoons R$$

反向回扫时，电极上生成的还原态物质R将发生氧化反应：

$$R \rightleftharpoons O + Ze$$

峰电流可表示为

$$i_p = KZ^{3/2} D^{1/2} m^{2/3} t^{2/3} \upsilon^{1/2} c$$

从循环伏安图可确定氧化峰电流 $i_{pa}$和还原峰电流 $i_{pc}$，氧化峰电位 $\varphi_{pa}$和还原峰电位 $\varphi_{pc}$值。

对于可逆体系，氧化峰电流和还原峰电流比：

$$\frac{i_{pa}}{i_{pc}} = 1$$

氧化峰电位与还原峰电位差值：

$$\Delta\varphi = \varphi_{pa} - \varphi_{pc} = \frac{0.058}{Z}\ (\mathrm{V})$$

条件电位 $\varphi^{\ominus\prime}$：

$$\varphi^{\ominus\prime} = \frac{\varphi_{pa} + \varphi_{pc}}{2}$$

由此可判断电极过程的可逆性。

## 【仪器材料】

电化学分析系统 CHI、玻碳电极、铂丝电极、饱和甘汞电极。

## 【试剂药品】

$1.00\times10^{-2}$ mol·$L^{-1}$ $K_3[Fe(CN)_6]$、$1.00\times10^{-2}$ mol·$L^{-1}$抗坏血酸（市售VC片剂）、1.0 mol·$L^{-1}$ $KNO_3$、0.5 mol·$L^{-1}$ $KH_2PO_4$。

## 【实验步骤】

### 1. 玻碳电极的预处理[①]

用 $Al_2O_3$粉（或牙膏）将电极表面抛光（或用抛光机处理），然后用蒸馏水清洗，待用。也可用超声波处理。

### 2. $K_3[Fe(CN)_6]$溶液的循环伏安法

（1）在电解池中放入 $1.00\times10^{-2}$ mol·$L^{-1}$ $K_3[Fe(CN)_6]$ + 0.5 mol·$L^{-1}$ $KNO_3$ 溶液，插入铂圆盘（或金圆盘）指示电极、铂丝辅助电极和饱和甘汞电极，通 $N_2$ 以除去 $O_2$。

（2）以扫描速率 20 mV·$s^{-1}$，从 +0.8 到 −0.4 V 扫描，记录循环伏安图。

---

① 电极表面必须仔细清洗，否则会严重影响循环伏安图形。

(3) 以不同扫描速率：10 V · $s^{-1}$、40 V · $s^{-1}$、60 V · $s^{-1}$、80 V · $s^{-1}$、100 V · $s^{-1}$、160 V · $s^{-1}$、200 V · $s^{-1}$，分别记录从 +0.8 到 −0.4 V 扫描的循环伏安图①。

### 3. 不同浓度的 $K_3[Fe(CN)_6]$溶液的循环伏安图

以扫描速率 20 mV · $s^{-1}$，从 +0.8 到 −0.4 V 扫描，分别记录 $1.00\times10^{-5}$ mol · $L^{-1}$、$1.00\times10^{-3}$ mol · $L^{-1}$、$1.00\times10^{-2}$ mol · $L^{-1}$ $K_3[Fe(CN)_6]$ + 0.5 mol · $L^{-1}$ $KNO_3$ 溶液的循环伏安图。

### 4. VC 溶液的循环伏安法

(1) 以 2、3 两步骤同样的方法对 VC 溶液(0.2 mol · $L^{-1}$ $KH_2PO_4$ 介质)进行操作。

(2) 以合适的扫描速率对上述 VC 溶液进行扫描，稀释一倍后再扫描，再稀释一倍后扫描。测量三次扫描的峰高，和浓度之间是否有线性关系？

(3) 分别根据标准曲线法和标准加入法测定 VC 片剂中 VC 的含量②。

## 【数据记录和处理】

(1) 从 $K_3[Fe(CN)_6]$溶液的循环伏安图测定 $i_{pa}$、$i_{pc}$和 $\varphi_{pa}$、$\varphi_{pc}$值。

(2) 分别以 $i_{pa}$和 $i_{pc}$对 $c$ 和 $\upsilon^{1/2}$作图，说明峰电流与浓度及扫描速率间的关系。

(3) 计算$\frac{i_{pa}}{i_{pc}}$值、$\varphi^{\ominus\prime}$值和$\Delta\varphi$ 值。

(4) 从实验结果说明 $K_3[Fe(CN)_6]$在 $KNO_3$ 溶液中电极过程的可逆性。

(5) 从实验结果说明 VC 在 $KH_2PO_4$ 介质中电极过程的可逆性。

(6) 以 VC 的 $i_{pa}$对 $c$ 和 $\upsilon^{1/2}$作图，说明峰电流与浓度和扫描速率间的关系。

## 【思考题】

(1) 分别解释 $K_3[Fe(CN)_6]$和 VC 溶液的循环伏安图形状。

(2) 如何用循环伏安法来判断极谱电极过程的可逆性？

---

① 每次扫描之间，为使电极表面恢复初始状态，应将电极提起后再放入溶液中或用搅拌子搅拌溶液，等溶液静止 1～2 min 再扫描。

② 通常不需要用循环伏安法进行定量测定，单扫描法即可。

(3) 若 $\varphi^{\ominus\prime}$ 值和 $\Delta\varphi$ 值与文献值有差异,试说明原因。

## 【拓展阅读】

### CHI 电化学分析系统操作(循环伏安法,已简化)

CHI 电化学分析系统的操作步骤如下:

(1) 打开相连的电脑和分析系统电源,进入主菜单。

(2) 按下面的方式连接导线,并将接好导线的电极系统放入试样溶液(注意:电极和电磁搅拌子千万不能相碰):

参比电极(饱和甘汞电极):接白色导线。

辅助电极(铂丝电极):接红色导线。

工作电极(玻碳电极):接绿色导线。

(黑色导线为感受电极导线,此实验不用。)

(3) 点击"T"(Techique),选择循环伏安法"CV-Cyclic Voltammetry"。

(4) 设置参数"Parameters":

| | |
|---|---|
| Init E(V) | 初始电位:0.8 |
| High E(V) | 上限电位:0.8 |
| Low E(V) | 下限电位:−0.4 |
| Scan Rate(V/s) | 扫描速度:0.1 |
| Sweep Segments | 扫描段数:2 |
| Sample Interval(V) | 采样间隔:0.001 |

以上参数可根据不同实验进行不同设置。

(5) 点击工具栏上的图标,开始实验。

(6) 对实验图形可进行再处理、保存和打印等。

# 二、阳极溶出伏安法测定镉

## 【实验目的】

（1）掌握阳极溶出伏安法的基本原理。

（2）学会使用溶出伏安仪。

## 【实验原理】

阳极溶出伏安法的操作分为两步：第一步是预电解；第二步是溶出。试液除氧后，金属离子在产生极限电流的电位处电解富集在电极上，静止 30 s 或 1 min，再以一定的方式使工作电极的电位由负向正的方向扫描，电极上富集的金属重新氧化。用记录仪记录阳极波。峰电流（波高）与被测离子浓度成比例。

峰电流的大小还与预电解时间、预电解时搅拌溶液的速度、预电解电位、工作电极以及溶出的方式等因素有关。为了获得再现性的结果，实验时必须严格控制实验条件。

## 【仪器材料】

极谱仪或溶出伏安仪、银基汞膜电极、秒表。

## 【试剂药品】

$1.000\times10^{-3}$ mol · $L^{-1}$ $Cd^{2+}$ 标准溶液①、0.25 mol · $L^{-1}$ KCl 溶液②、0.1 mol · $L^{-1}$ HCl、未知镉试液。

---

① 准确称取 $CdCl_2\cdot2.5H_2O$（分析纯）0.228 4 g，用蒸馏水溶解后移入 1 000 mL 容量瓶中，稀释至刻度，摇匀。

② 称取 KCl（分析纯）18.64 g，用蒸馏水稀释至 1 000 mL。

## 【实验步骤】

### 1. 电极的准备

(1) 汞膜电极。用湿滤纸沾去污粉，擦净电极表面，用蒸馏水冲洗后浸在1∶1 $HNO_3$中，待表面刚变白后立即用蒸馏水冲洗并沾汞。初次沾汞浸润性往往不良，可用干滤纸将沾有少许汞的电极表面擦匀、擦亮，再用1∶1 $HNO_3$把此膜溶解，蒸馏水洗净后重新涂汞膜，每次沾涂1滴汞，涂汞需在 $Na_2SO_3$除 $O_2$的氨水中进行。

新制备的汞膜电极应在0.1 mol・$L^{-1}$ KCl($Na_2SO_3$除 $O_2$)中于－1.8 V(对比Ag|AgCl电极)阴极化并正向扫描至－0.2 V，如此反复扫描3次左右后电极便可使用。

实验结束后，将电极浸在0.1 mol・$L^{-1}$ $NH_3$・$H_2O$－$NH_4Cl$溶液中待用。

(2) Ag|AgCl电极。银电极表面用去污粉擦净，在0.1 mol・$L^{-1}$ HCl中氯化。以银电极为阳极，铂电极为阴极，外加＋0.5 V电压后银电极表面逐步呈暗灰色。为使制备的电极性能稳定，将电极换向，以银电极为阴极，铂电极为阳极，外加1.5 V电压使银电极还原，表面变白，然后再氯化。如此反复数次，制得性能稳定的Ag|AgCl电极。

### 2. $Cd^{2+}$浓度与溶出峰电流关系

用移液管分别准确移取 $1.000\times10^{-5}$ mol・$L^{-1}$ $Cd^{2+}$标准溶液0 mL、0.40 mL、0.80 mL、1.20 mL、2.00 mL于5只50 mL容量瓶中，再分别加入0.25 mol・$L^{-1}$KCl 10 mL、5滴饱和 $Na_2SO_3$溶液，用蒸馏水稀释至刻度，摇匀，待用。

以银基汞膜电极为工作电极，Ag|AgCl电极为参比电极，在－1.0 V电压下预电解2 min，静止30 s后向正方向扫描溶出①，记录阳极波，并分别测量峰高。

### 3. 废水中 $Cd^{2+}$的测定

准确移取试液10 mL于50 mL容量瓶中，加入0.25 mol・$L^{-1}$ KCl 10 mL、5滴饱和 $Na_2SO_3$溶液，用蒸馏水稀释至刻度，摇匀。用上述同样条件进行溶出测

---

① 每进行一次溶出测定后，应在扫描终止电位－0.2 V处停扫半分钟左右，使镉溶出，经扫描检验溶出曲线的基线基本平直后，再进行下一次测定。

为了防止汞膜电极被氧化，扫描终止电位应在－0.2 V处。

定，记录阳极波，并测量峰高。

## 【数据记录和处理】

（1）绘制峰高与 $Cd^{2+}$ 浓度曲线。

（2）根据标准曲线，计算试液中 $Cd^{2+}$ 浓度。

## 【思考题】

（1）为什么阳极溶出伏安法的灵敏度高？

（2）为了获得再现性的溶出峰，实验时应注意什么？

（解永岩）

# 实验六　氟离子选择电极测定自来水中的氟

## 【实验目的】

（1）了解离子选择电极的主要特性，掌握离子选择电极法测定的原理、方法及实验操作。

（2）了解总离子强度调节缓冲液的意义和作用。

## 【实验原理】

离子选择性电极是一种电化学传感器，它将溶液中特定离子的活度转换成相应的电位信号。氟离子选择电极（简称氟电极）是晶体膜电极，示意图如图6.1所示。它的敏感膜是由难溶盐 $LaF_3$ 单晶（定向掺杂 $EuF_2$）薄片制成，电极管内装有 $0.1\ mol \cdot L^{-1}$ NaF 和 $0.1\ mol \cdot L^{-1}$ NaCl 组成的内充液，浸入一根 Ag-AgCl 内参比电极。测定时，氟电极、饱和甘汞电极（外参比电极）和含氟试液组成下列电极：

| Ag | AgCl | NaF($0.1\ mol \cdot L^{-1}$)<br>NaCl($0.1\ mol \cdot L^{-1}$) | $LaF_3$ 单晶 |
| --- | --- | --- | --- |

←—— 氟电极 ——→

氟电极 | 含氟试 ‖ 饱和甘汞电极

一般离子计上氟电极接（－），饱和甘汞电极接（＋），测得电池的电位位差为

$$E_{电池} = \varphi_{SCE} - \varphi_{膜} - \varphi_{Ag\text{-}AgCl} + \varphi_a + \varphi_j \quad ①$$

在一定的实验条件下（如溶液的离子强度、温度等），外参比电极电位 $\varphi_{SCE}$、活度系数 $\gamma$、内参比电极电位 $\varphi_{Ag\text{-}AgCl}$、氟电极的不对称电位 $\varphi_a$ 以及液接电位 $\varphi_j$ 等都可以作为常数处理，而氟电极的膜电位 $\varphi_{膜}$ 与 $F^-$ 活度的关系符合 Nernst 公式，因

此上述电池的电位差 $E_{电池}$ 与试液中氟离子浓度的对数呈线性关系，即

$$E_{电池} = K_a + \frac{2.303RT}{F}\lg a_{F^-} = K_c - \frac{2.303RT}{F}\,pF^- \qquad ②$$

式②中 $K_a$、$K_c$ 为常数，$R$ 为摩尔气体常数（$8.314\ J \cdot mol^{-1} \cdot K^{-1}$），$T$ 为热力学温度，$F$ 为法拉第常数（$96\ 485\ C \cdot mol^{-1}$）。可采用标准曲线法测定自来水的含氟量。

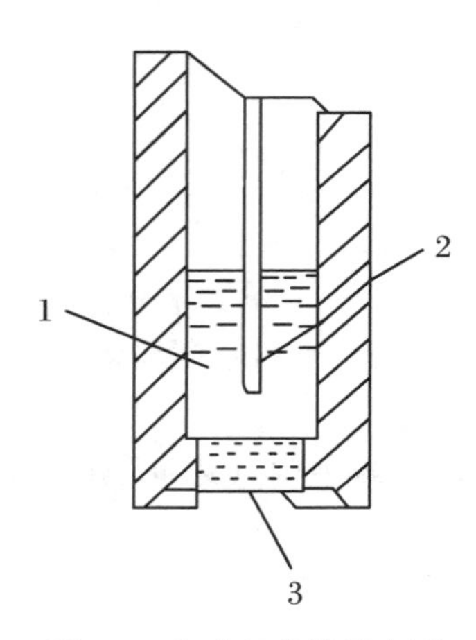


**图 6.1 氟电极结构示意图**

1. $0.1\ mol \cdot L^{-1}$ NaF，$0.1\ mol \cdot L^{-1}$ NaCl 内充液；2. Ag-AgCl 内参比电极；3. 掺 $EuF_2$ 的 $LaF_3$ 单晶

在应用氟电极时需要考虑以下三个问题：

（1）试液 pH 的影响：试液的 pH 对氟电极的电位响应有影响，pH 在 5～6 是氟电极使用的最佳 pH 范围。在低 pH 的溶液中，由于形成 HF、$HF_2^-$ 等在氟电极上不响应的型体，降低了 $a_{F^-}$。pH 高时，$OH^-$ 浓度增大，$OH^-$ 在氟电极上与 $F^-$ 产生竞争响应。也由于 $OH^-$ 能与 $LaF_3$ 晶体膜产生如下反应：$LaF_3 + 3OH^- \rightarrow La(OH)_3 + 3F^-$，从而干扰电位响应。因此测定需要在 pH 5～6 的缓冲溶液中进行，常用的缓冲溶液是 HAc - NaAc。

（2）为了使测定过程中 $F^-$ 的活度系数 $\gamma$、液接电位 $\varphi_j$ 保持恒定，试液要维持一定的离子强度。常在试液中加入一定浓度的惰性电解质，如 $KNO_3$、NaCl、$KClO_4$ 等，以控制试液的离子强度。

（3）氟电极的选择性较好，但能与 $F^-$ 形成配合物的阳离子，如 Al(III)、Fe(III)、Th(IV)等，以及能与 La(III)形成配合物的阴离子对测定有不同程度的干扰。为了消除金属离子的干扰，可以加入掩蔽剂，如柠檬酸钾（$K_3Cit$）、EDTA 等。

因此，用氟电极测定饮用水中的氟含量时，使用总离子强度调节缓冲溶液(Total Ionic Strength Adjustment Buffer，TISAB)来控制氟电极的最佳使用条件，其组分为$KNO_3$、HAc－NaAc和$K_3Cit$。

## 【仪器材料】

pHS－3C型离子计或其他型号的离子计、饱和甘汞电极、氟离子选择电极(使用前应在去离子水中浸泡1～2 h)、电磁搅拌器。

## 【试剂药品】

TISAB溶液①、0.100 $mol \cdot L^{-1}$ NaF标准溶液②。

## 【实验步骤】

### 1. 装上氟电极和饱和甘汞电极(SCE)

氟离子选择性电极的单晶薄膜切勿与坚硬物碰擦，晶片上如沾有油污，用脱脂棉浸酒精轻拭，再用去离子水洗净。电极内装电解质溶液，为防止晶片内附着气泡而使电路不通，在电极使用前，让晶片朝下，轻击电极杆，以消除晶片上可能附着的气泡。氟电极在去离子水中的电极电位应达到本底值方可使用(该电位值由电极的生产厂标明)。

### 2. 标准溶液系列的配制及测定

(1) 取5个50 mL容量瓶，在第一个容量瓶中加入10 mL TISAB溶液，其余容量瓶加入9 mL TISAB溶液。用5 mL移液管吸取5.0 mL 0.1 $mol \cdot L^{-1}$ NaF标准溶液放入第一个容量瓶中，加去离子水至刻度，摇匀即为$1.0 \times 10^{-2}$ $mol \cdot L^{-1}$

---

① TISAB溶液的配制方法：将102 g $KNO_3$、83 g NaAc、32 g $K_3$ Cit放入1 L烧杯中，再加入冰醋酸14 mL，用600 mL去离子水溶解，溶液的pH应为5.0～5.5，如超出此范围应加NaOH或HAc调节，调好后加去离子水至总体积为1 L。

② 0.100 $mol \cdot L^{-1}$ NaF标准溶液的配制方法：称取2.100 g NaF(已在120 ℃烘干2小时以上)放入500 mL烧杯中，加入100 mL TISAB溶液和300 mL去离子水溶解后转移至500 mL容量瓶中，用去离子水稀释至刻度，摇匀，保存于聚乙烯塑料瓶中备用。

$F^-$溶液。$10^{-3}$～$10^{-6}$ mol·$L^{-1}$ $F^-$溶液逐一稀释配制。

(2) 标准溶液电位的测定:将上述(1)所配好的五种溶液分别倒入干燥的50 mL烧杯中,放入铁芯搅拌棒,插入氟电极和饱和甘汞电极,在电磁搅拌器上搅拌3～4 min后读下mV值。在稀溶液中,氟电极响应值达到平衡的时间较长,需等待电位值稳定后再读数。测量的顺序是从稀到浓,这样在转换溶液时电极不必用水洗,仅用滤纸吸去附着的溶液即可。测量过程中应保持温度、搅拌速度恒定。

### 3. 水样中氟离子含量的测定

在一个50 mL容量瓶中加入10 mL TISAB溶液,加自来水稀释至刻度,摇匀。将电极在去离子水中洗净,使其在纯水中的电位值与起始的本底电位值相接近时才能用来测定水样中的含氟量。把水样倒入50 mL烧杯中,插入电极,测定其电位值。

## 【数据记录和处理】

电位本底值=________mV。

(1) 不同浓度溶液的电位值$E$记录在表6.1中。

**表6.1 不同浓度溶液的电位值**

| 溶液编号 | 1 | 2 | 3 | 4 | 5 | 水样 |
|---|---|---|---|---|---|---|
| $pF^-$ | 2 | 3 | 4 | 5 | 6 | $-\lg c_x$ |
| $E$(mV) | | | | | | |

(2) 标准曲线的绘制。

以测得的电位值$E$(mV)为纵坐标,以$pF^-$或$\lg c(F^-)$为横坐标,在坐标纸上作出标准曲线。

(3) 自来水中的含氟量

在标准曲线上找出$-\lg c_x$的数值,得出$c_x$=________mol·$L^{-1}$。

自来水中的含氟量为$c_F$=________mg·$L^{-1}$。

## 【思考题】

(1) 以本实验所用的TISAB溶液各组分所起的作用为例,说明离子选择电极法中使用 TISAB 溶液的意义。

(2) 从标准曲线上可以得到哪些离子选择电极的特性参数?

(3) 氟电极响应的是氟离子的浓度还是活度? 测量浓溶液后应如何处理电极?

## 【拓展阅读】

### pHS-3C 型离子计的使用

pHS-3C 型离子计的操作步骤如下:

(1) 把负离子电极和参比电极夹在电极架上。

(2) 用去离子水清洗电极头部,再用被测溶液清洗一次。

(3) 把氟离子电极的插头插入测量电极接口处。

(4) 把参比电极接入仪器后部的参比电极接口处。

(5) 把两种电极插在被测溶液内,将溶液搅拌均匀后,即可在显示屏上读出氟离子电极的电极电位(mV 值),还可自动显示 ± 极性。

(6) 如果被测信号超出仪器的测量范围,仪器将显示"Err"字样。

(赵婷婷)

# 实验七　邻二氮菲分光光度法测定铁——实验条件的研究

## 【实验目的】

(1) 学习测定微量铁的通用方法。

(2) 熟悉分光光度分析的基本操作及数据处理方法。

(3) 初步了解实验条件研究的一般做法。

## 【实验原理】

在可见分光光度法测量中,若被测组分本身有颜色,可直接进行测量;若被测组分本身无色或颜色很浅,则需要加入显色剂与之发生显色反应,生成有色化合物,再进行吸光度的测量。本实验测定的微量铁浓度约 $10^{-5}$ mol·$L^{-1}$(铁离子含量在0.1～6 μg·$mL^{-1}$时遵循郎伯-比尔定律),近乎无色,因此需加入显色剂生成有色物质后方可测量。

多数显色反应是络合反应,对显色反应的要求是:① 灵敏度高,即生成化合物的摩尔吸光系数要尽可能大,这样才能用于微量组分的测量;② 选择性好,干扰少或易于消除;③ 生成的有色物质组成恒定,化学性质稳定,并与显色剂的颜色有较大区别。

具体研究某个显色反应适宜的反应条件,一般从以下几个方面考虑:① 显色剂的用量,为了使反应进行完全,应当确定显色剂加入量的合适范围;② 酸度,因为大多数显色剂是弱酸(HR),溶液酸度的大小直接影响着[$R^-$]的大小,进而可以影响反应的完全程度及配合物的组成。另一方面,酸度大小也影响着金属离子的存在状态,因此也影响了生色反应的程度;③ 显色时间,不同的生色反应,有色化合物溶液的颜色达到稳定所需要的时间不同。达到稳定后能维持多久也大不相同;许多显色反应在室温下就能很快完成,但有的反应必须加热才能较快进行。此外,加入试剂的顺序、离子的氧化态、干扰物质的影响等,均需一一加以研究,以便拟定合适的分析方案,使测定既准确,又迅速。在研究影响因素时,通常改变一个因素,固定其他因素,显色后测量吸光度,从而找出变量因素的最佳数值。

邻二氮菲分光光度法是化工产品中微量铁测定的通用方法。此方法测定微量铁具有高灵敏性、高选择性;在酸度 pH 为 2～9 的溶液中,邻二氮菲和 $Fe^{2+}$ 生成橘红色配合物$[Fe(phen)_3]^{2+}$,此时 $\lg\beta_3 = 21.3$(20 ℃),摩尔吸光系数 $\varepsilon_{508} = 1.1\times10^4\ L\cdot mol^{-1}\ cm^{-1}$,其吸收曲线如图 7.1 所示,由图可得,配合物在 510 nm 附近有最大吸收峰。邻二氮菲与 $Fe^{3+}$ 也生成 3∶1 配合物,呈淡蓝色,$\lg\beta_3 = 14.1$。因此,在显色之前需要用盐酸羟胺或抗坏血酸将全部的 $Fe^{3+}$ 还原为 $Fe^{2+}$,然后再加入邻二氮菲配位显色。

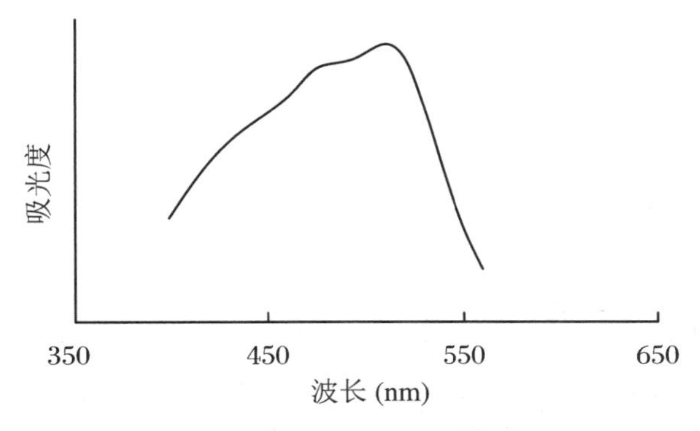


**图 7.1　邻二氮菲吸收曲线**

$$2Fe^{3+} + 2NH_2OH = 2Fe^{2+} + N_2\uparrow + 2H_2O + 2H^+$$

$$Fe^{2+} + 3\,\text{phen} \longrightarrow [Fe(phen)_3]^{2+}$$

本实验通过对铁(Ⅱ)-邻二氮菲显色反应的条件研究,确定分析铁(Ⅱ)离子的最佳实验条件,初步了解如何拟定一个分光光度分析实验的测定条件。

对于不同影响因素的研究,待完成实验研究后,应给出各因素的最佳条件结论。

## 【仪器材料】

容量瓶(50 mL)、移液管(5 mL、10 mL)、分光光度计(722 型、UV2000 型、T6 型)、酸度计(PHS－3 型或其他型号)、电热恒温水浴。

## 【试剂药品】

40.0 μg・mL$^{-1}$标准铁溶液①、5.0%盐酸羟胺($NH_2OH \cdot HCl$)溶液②、0.20%邻二氮菲溶液③、1.0 mol・L$^{-1}$乙酸钠($CH_3COONa$)溶液、2.0 mol・L$^{-1}$HCl 溶液、0.10 mol・L$^{-1}$柠檬酸[$HOOCCH_2C(OH)(COOH)CH_2COOH \cdot H_2O$]溶液、0.2 mol・L$^{-1}$NaOH 溶液。

## 【实验步骤】

### 1. 测绘吸收曲线

移取 4.00 mL 标准铁溶液注入容量瓶中，加入 2.00 mL 盐酸羟胺溶液，混匀后(圆周摇动容量瓶，切记不可颠倒摇匀)放置 2 min。加入 2.00 mL 邻二氮菲溶液和 4.00 mL 乙酸钠溶液，加水至 50 mL 标线，摇匀。在分光光度计上，用 1cm 的比色皿，以水为参比，在不同波长(从 400 nm 到 560 nm，间隔 10 nm 测量一次吸光度，其中在 500～520 nm 内，间隔 2 nm 测量一次)下测量相应的吸光度，记录数据。

此步实验可不单独配制一份溶液，直接选用下述实验内容 3 或者 4 中的第五份溶液进行测定。

### 2. 有色(配合物)溶液的稳定性

移取 4.00 mL 标准铁溶液注入容量瓶中，加入 2.00 mL 盐酸羟胺溶液，混匀

---

① 标准铁溶液(40.0 μg・mL$^{-1}$)配制：用洁净干燥的 100 mL 烧杯准确称取 3.544 g 硫酸铁铵($NH_4Fe(SO_4)_2 \cdot 12H_2O$)，加入 30 mL 浓盐酸及 30 mL 水，溶解后定量转移到 1 L 容量瓶中，再加入 300 mL 浓盐酸，用水稀释至标线，摇匀，此为贮备液。临用前，移取 100.0 mL 贮备液至 1 L 容量瓶中，用水稀释至标线，摇匀，即得标准铁溶液(40.0 μg・mL$^{-1}$)。

② 所配制的 5.0%盐酸羟胺溶液应在两周内使用。

③ 0.20%邻二氮菲溶液配制时需要用温水溶解，避光保存，配制完成后在两周内使用，出现红色时不能使用。

后放置 2 min。加 2.00 mL 邻二氮菲溶液和 4.00 mL 乙酸钠溶液，加水至 50 mL 标线，摇匀。用 1cm 的比色皿以水为参比，在选定的工作波长下，间隔一段时间测量一次吸光度(间隔时间为 5 min，20 min，30 min，1 h，2 h，3 h，4 h)，记录数据。

3. 显色剂用量的影响

洗净 6 只容量瓶，各加 4.00 mL 标准铁溶液和 2.00 mL 盐酸羟胺溶液，混匀后(圆周摇动容量瓶，切记不可颠倒摇匀)放置 2 min。分别加入 0.40 mL、0.80 mL、1.60 mL、2.00 mL、3.00 mL、4.00 mL 邻二氮菲溶液，再各加 4.00 mL 乙酸钠溶液，加水至 50 mL 标线，摇匀。以水为参比，在选定的波长下测量各溶液的吸光度，记录数据。

4. 溶液 pH 的影响

洗净 9 只容量瓶，各加 4.00 mL 标准铁溶液和 2.00 mL 盐酸羟胺溶液，混匀后放置 2 min。各加 2.00 mL 邻二氮菲溶液和 8.00 mL 柠檬酸溶液，再分别加入 0 mL、6.00 mL、8.00 mL、9.00 mL、16.00 mL、26.00 mL、27.00 mL、28.00 mL、30.00 mL NaOH 溶液，用水稀释至标线，混匀，在水浴中于 70 ℃加热 15～20 min。冷却至室温后，以水为参比，在选定的波长下测量各溶液的吸光度(测定吸光度后将吸收池中的溶液再倒回原容量瓶中)，最后用酸度计测量各溶液的 pH，记录数据。

## 【数据记录和处理】

(1) 在坐标纸上，以波长为横坐标，吸光度为纵坐标，绘出吸收曲线($A-\lambda$ 曲线)，并确定适宜的工作波长，$\lambda_{max}=$ ________ nm。

(2) 在坐标纸上，以放置时间为横坐标，吸光度为纵坐标，绘出吸光度-时间曲线($A-t$ 曲线)，并给出结论，得出合适的反应时间为________ 。

(3) 在坐标纸上，以邻二氮菲溶液的体积为横坐标、相应的吸光度为纵坐标，绘出吸光度-试剂用量曲线($A-V_{邻二氮菲}$ 曲线)，并确定邻二氮菲溶液的适宜用量，得出合适的显色剂用量________mL。

(4) 在坐标纸上，以溶液的 pH 为横坐标、相应的吸光度为纵坐标，绘出吸光度- pH 曲线($A-\mathrm{pH}$ 曲线)，并确定适宜的 pH 范围，得出合适的 pH 范围为________。

## 【思考题】

(1) 在测绘校准工作曲线和测定试样时，一般应以试剂空白溶液为参比。为什么在本条件研究实验中，可以用水作参比?

(2) 根据自己的实验数据，计算邻二氮菲- Fe(Ⅱ)络合物在选定波长下的摩尔吸收系数。

(徐小岚)

# 实验八　安钠咖注射液中苯甲酸钠和咖啡因的含量测定

## 【实验目的】

（1）学习在紫外光谱区同时测定两组分混合体系的方法。

（2）学习紫外分光光度计的使用方法，了解其结构。

## 【实验原理】

物质对光的吸收遵循 Beer 定律，即当一定波长的光通过某物质的溶液时，入射光强度 $I_0$ 与透过光强度 $I_t$ 之比的对数与该物质的浓度及液层厚度成正比：

$$A = \lg \frac{I_0}{I_t} = \varepsilon l c$$

式中 $A$ 为吸光度；$l$ 为液层厚度，单位为 cm；$c$ 为被测物质浓度，单位为 $mol \cdot L^{-1}$；$\varepsilon$ 为摩尔吸光系数，若 $c$ 的单位为 $g \cdot L^{-1}$，$\varepsilon$ 就用 $a$ 表示，称为吸光系数。物质的摩尔吸光系数 $\varepsilon$ 与波长和溶剂有关，在溶剂一定的情况下，只取决于波长 $\lambda$。

吸光度具有加和性，当有两种以上的吸光物质同时存在时，有以下关系：

$$A = A_1 + A_2 + \cdots + A_n$$

利用此性质可对混合物中的组分不经分离进行测定。假设混合物中只含有 $a$、$b$ 两种物质，两物质和混合物 $c$ 的吸收光谱如图 8.1 所示。

若 $a$、$b$ 的吸收曲线重叠，则可采用双波长法中的等吸收点法进行测定，具体方法为：在 $a$ 曲线上选取一点 $O$（对应波长为 $\lambda_1$），作垂直线，和 $b$ 相交于 $M$ 点，由 $M$ 作水平线，相交于 $b$ 另一点 $N$，则 $N$ 对应波长为 $\lambda_2$，分别在 $\lambda_1$ 和 $\lambda_2$ 处测吸光度 $A_1$ 和 $A_2$（设 $l = 1$ cm），由 Beer 定律和吸光度加和性原则，得

$$A_1 = A_1{}^a + A_1{}^b = \varepsilon_1{}^a c_a + A_1{}^b$$

$$A_2 = A_2{}^a + A_2{}^b = \varepsilon_2{}^a c_a + A_2{}^b$$

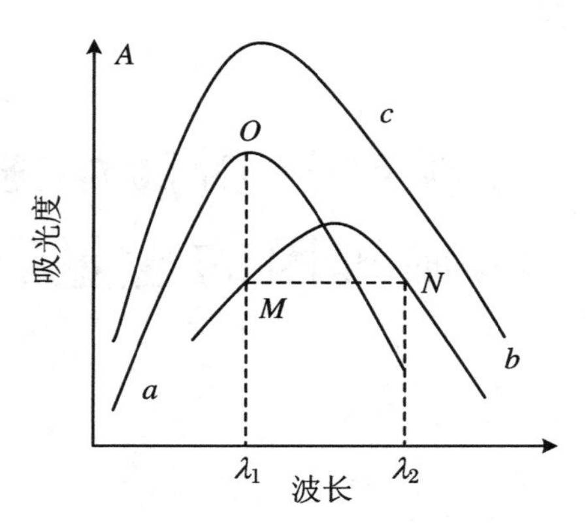


**图 8.1 等吸收点法**

由于 $A_1{}^b = A_2{}^b$,所以

$$A_2 - A_1 = \varepsilon_2{}^a c_a + A_2{}^b - \varepsilon_1{}^a c_a - A_1{}^b = \varepsilon_2{}^a c_a - \varepsilon_1{}^a c_a$$
$$= (\varepsilon_2{}^a - \varepsilon_1{}^a) c_a$$

对于 $a$ 来说,$\varepsilon_2{}^a$、$\varepsilon_1{}^a$都为定值,所以

$$\Delta A = (\varepsilon_2{}^a - \varepsilon_1{}^a) c_a = K c_a$$

上式说明,$\lambda_1$和 $\lambda_2$处的吸光度差只与 $a$ 的浓度成正比,与 $b$ 无关,这样就可测出 $a$ 的浓度。同样,可再选取适当的两波长 $\lambda_3$ 和 $\lambda_4$ 来测定 $b$ 的浓度。

选取 $\lambda_1$和 $\lambda_2$(或 $\lambda_3$和 $\lambda_4$)时应注意两点:

(1) $\Delta A$ 要尽量大,这样可增大灵敏度,即 $a$ 在$\lambda_1$ 或 $\lambda_2$ 处为最大吸收波长。

(2) $b$ 在$\lambda_1$和 $\lambda_2$处必须吸光度相等,即有等吸收点。

安钠咖注射液中的苯甲酸钠和咖啡因可用上述方法分别测定,由这两种组分在 HCl 溶液(0.1 $mol \cdot L^{-1}$)中的吸收光谱(图 8.2)可见,苯甲酸钠的吸收峰在 230 nm 处,咖啡因的吸收峰在 272 nm 处。若欲测定苯甲酸钠,咖啡因在 230 nm 和 258 nm 处的吸光度相等。若欲测定咖啡因,苯甲酸钠在 272 nm 和 254 nm 处的吸光度相等,可选这四个波长作为测定波长分别测定咖啡因和苯甲酸钠的含量。因不同仪器的波长精确度不同,在不同仪器上测定时,应对波长组合进行校正。

## 【仪器材料】

7200 型或 T6 型紫外可见分光光度计、容量瓶(50 mL、250 mL)、刻度吸管(5 mL)。

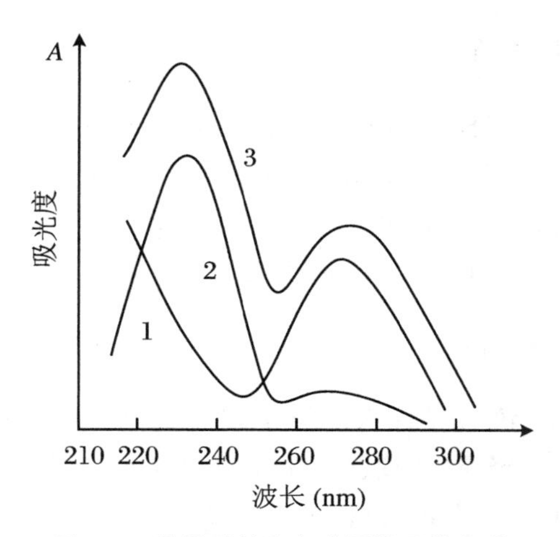


**图 8.2　苯甲酸钠和咖啡因的吸收光谱**

1. 咖啡因；2. 苯甲酸钠；3. 混合物

## 【试剂药品】

咖啡因（对照品）、苯甲酸钠（对照品）、安钠咖注射液、0.1 mol · $L^{-1}$ HCl 溶液。

## 【实验步骤】

### 1. 标准储备液的配制

准确称取咖啡因和苯甲酸钠各 0.031 25 g，分别用蒸馏水溶解并配成 250 mL 溶液，溶液的浓度为 0.125 0 mg · $mL^{-1}$，此即为标准储备液，置于冰箱中保存备用。

### 2. 标准溶液的配制及吸收曲线的绘制

在 2 只 50 mL 容量瓶中分别加入咖啡因、苯甲酸钠标准储备液 3.00 mL，用 0.1 mol · $L^{-1}$ HCl 溶液稀释至刻度，摇匀，即得咖啡因和苯甲酸钠的标准溶液。在紫外可见分光光度计上自动扫描，得到咖啡因和苯甲酸钠在 210 nm 至 320 nm 范围内的吸收曲线，找出等吸收点。

3. 标准混合溶液的配制

分别吸取标准咖啡因储备液和苯甲酸钠储备液各 1.00 mL、2.00 mL、3.00 mL、4.00 mL、5.00 mL 至五只 50 mL 容量瓶中，用 0.1 mol・$L^{-1}$HCl 溶液稀释至刻度，摇匀，即得咖啡因和苯甲酸钠的标准混合溶液（含苯甲酸钠和咖啡因各为 2.5 μg・$mL^{-1}$、5.0 μ・$mL^{-1}$、7.5 μg・$mL^{-1}$、10.0 μg・$mL^{-1}$、12.5 μg・$mL^{-1}$）。

4. 样品溶液的配制

吸取注射液 2.00 mL 用蒸馏水稀释至 50 mL。从中吸取 5.00 mL 用蒸馏水稀释至 50 mL。从二次稀释液中吸取 5.00 mL 至 50 mL 容量瓶中，用 0.1 mol・$L^{-1}$ HCl 溶液稀释至刻度。共稀释 2500 倍。

5. 测定

用分光光度计，分别在 230 nm 和 258 nm、272 nm 和 254 nm 处测标准混合溶液的吸光度，然后在上述四个波长处测样品溶液的吸光度。若波长改变，能量变化，应等数据稳定再读数。

## 【数据记录和处理】

(1) 咖啡因和苯甲酸钠的吸收曲线。

(2) 标准混合溶液和样品溶液在 230 nm、258 nm、254 nm 和 272 nm 处的吸光度填于表 8.1 中。

**表 8.1 吸光度测定结果**

| $C$(μg・$mL^{-1}$) | 2.5 | 5.0 | 7.5 | 10.0 | 12.5 | 样品溶液 |
|---|---|---|---|---|---|---|
| $A$(230 nm) | | | | | | |
| $A$(258 nm) | | | | | | |
| $A$(254 nm) | | | | | | |
| $A$(272 nm) | | | | | | |
| $\Delta A$(苯甲酸钠) | | | | | | |
| $\Delta A$(咖啡因) | | | | | | |

(3) 标准曲线的绘制。

以 $\Delta A$（苯甲酸钠）为纵坐标，以 $c$（μg・mL$^{-1}$）为横坐标，在坐标纸上作出苯甲酸钠的标准曲线。

以 $\Delta A$（咖啡因）为纵坐标，以 $c$（μg・mL$^{-1}$）为横坐标，在坐标纸上作出咖啡因的标准曲线。

（4）注射液中咖啡因和苯甲酸钠的含量。

在标准曲线上找出样品溶液的 $c$（μg・mL$^{-1}$）数值，得出：

样品溶液：$c$（苯甲酸钠）= ________ μg・mL$^{-1}$；$c$（咖啡因）= ________ μg・mL$^{-1}$。

注射液中咖啡因的含量：________。

注射液中苯甲酸钠的含量：________。

## 【思考题】

（1）怎样根据吸收光谱曲线选择等吸收点同时测定两种物质？

（2）本实验的四个波长分别在吸收曲线中有何意义？

（赵婷婷）

## 【拓展阅读】

### 分光光度计的使用

#### 1. T6 紫外可见分光光度计的构造及使用

T6 紫外可见分光光度计的外形构造如图 8.3 所示。

其操作步骤如下：

（1）开机自检：打开仪器主机电源，仪器开始初始化，约 3 分钟后仪器初始化完成。初始化完成后，仪器进入主菜单。

（2）进入光度测量状态：按 [ENTER] 键进入光度测量界面。

（3）进入测量界面：按 [START/STOP] 键进入样品测量界面。

（4）设置样品测量波长：按 [GOTOλ] 键，输入测量波长，按 [ENTER] 键确认，仪器将自动调整波长。

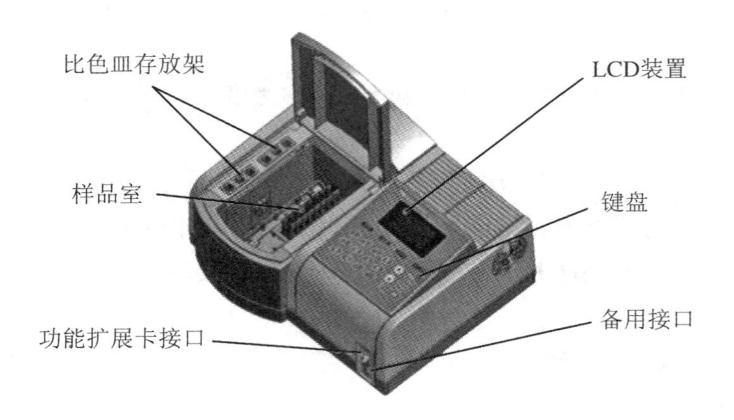


**图 8.3 T6 紫外可见分光光度计外形结构**

(5) 进入设置参数:按 SET 键进入参数设定界面,按▼键使光标移动到“试样设定”,按 ENTER 键确认,进入到设定界面。

(6) 设定使用样品池个数:按▼键使光标移动到“使用样池数”,按 ENTER 键循环选择需要使用的样品池数。

(7) 样品测量:按 ENTER 键返回参数设定界面,再按 RETURN 键返回光度测量界面。在 1 号样品池内放入空白溶液,2 号样品池内放入待测样品。关闭好样品池盖后按 ZERO 键进行空白校正,再按 START/STOP 键进行样品测量。

如需测量下一个样品,取出比色皿,更换为下一个测量的样品,再按 START/STOP 键即可读数。

如果需要更换波长,直接按 GOTOλ 键,调整波长。

注意:更换波长后必须重新按 ZERO 键进行空白校正。

如果每次使用的比色皿个数固定,再次使用时可跳过第(5)、(6)步直接进入样品测量。

(8) 测量结束:测量完成后记录数据,退出程序或关闭仪器后测量数据将消失。确保已从样品池中取出所有比色皿,清洗干净后以便下一次使用。按 RETURN 键直接返回到仪器主菜单界面后再关闭仪器电源。

以上操作过程中的注意事项如下:

(1) 尽量避开高温高湿环境。

(2) 仪器的风扇附近应留足够的空间，使其排风顺畅。

(3) 如果发现测量样品重复性差，需确认样品是否稳定，是否有光解等现象。

(4) 测量的样品如果挥发性太强，需使用比色皿盖。如果是苯蒸气等强挥发性气体，需敞开样品池使干扰气体散发。

## 2. 7200 可见分光光度计和 UV2000 紫外分光光度计的使用

7200 可见分光光度计和 UV2000 紫外分光光度计的外形结构如图 8.4、图8.5 所示。

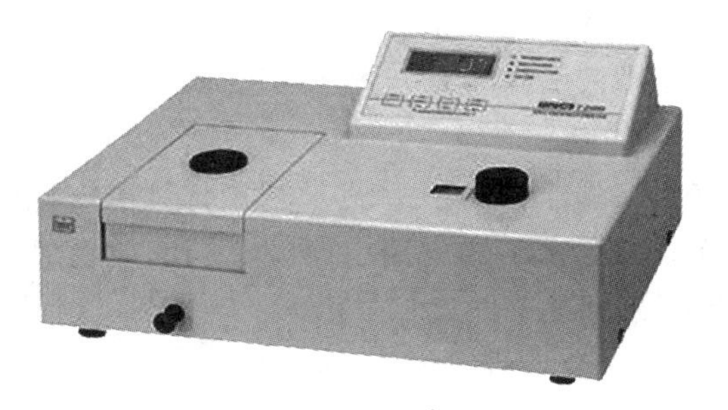

**图 8.4　7200 可见分光光度计外形结构**

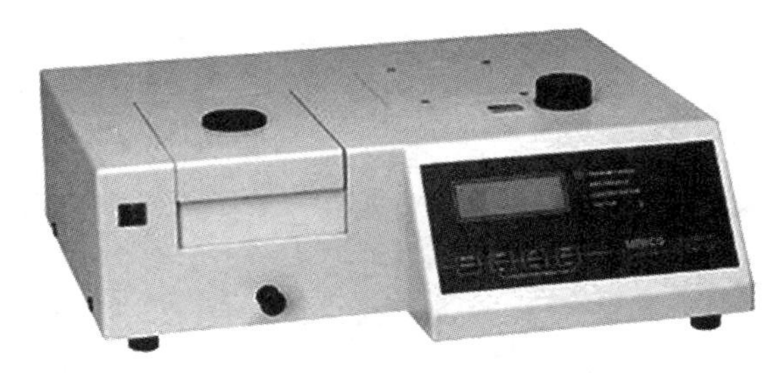

**图 8.5　UV2000 紫外分光光度计外形结构**

这两种分光光度计的操作步骤如下：

(1) 接通电源，使仪器预热 20 分钟(不包括仪器自检时间)。

(2) 用〈MODE〉键设置测试方式：透射比(T)、吸光度(A)，已知标准样品浓度值方式(C)和标准样品斜率方式(F)。

(3) 用波长选择旋钮设置所需的分析波长。

(4) 将参比样品溶液和被测样品溶液分别倒入比色皿中，打开样品室盖，将比色皿分别插入比色皿槽中，盖上样品室盖(一般情况下，参比样品放在第一个槽位中)。

(5) 将%T 校具(黑体)置入光路中,在 T 方式下按“%T”键,此时显示器显示“000.0”。

(6) 将参比样品推(拉)入光路中,按“0A/100%T”键调 0A/100%T,使显示器显示的“BLA ”调至显示“100.0”%T 或“0.000”A 为止。

(7) 将被测样品推(拉)入光路,即可从显示器上得到被测样品的透射比或吸光度值。

以上操作过程中的注意事项如下:

(1) 使用时请注意手指仅放在比色皿的毛玻璃面,其透光部分表面不能有指印、溶液痕迹,被测样品中不能有气泡、悬浮物,否则将影响样品测试的精度。

(2) 每次测量前需用被测样品充分润洗比色皿内壁 2~3 次,以保证结果的准确性。

(3) 对于不同浓度被测样品,测定顺序一般由稀到浓以减少测量误差。

(4) 通常根据样品浓度大小选用液层厚度不同的比色皿,使其吸光度值控制在 0.2~0.7,以确保结果的准确性。

(杨 雪)

# 实验九　分光光度法分析水样中亚硝酸盐氮和硝酸盐氮

## 一、可见分光光度法分析水样中亚硝酸盐

### 【实验目的】

（1）了解水样中亚硝酸盐的测定方法和原理。

（2）掌握重氮偶合分光光度法的测定原理和操作方法。

### 【实验原理】

亚硝酸盐现已被公认为我们日常生活饮水中的一项主要污染物，该指标一定程度上反映了水中受到含氮类有机物污染的程度，亚硝酸盐广泛存在于水体、土壤和各类食品中。

亚硝酸盐为强氧化剂，进入人体后，可使血中低铁血红蛋白氧化成高铁血红蛋白，使血红蛋白失去携氧能力，致使组织缺氧。除此之外，亚硝酸盐还有致癌作用，它可以与食物或胃中的仲胺类物质作用转化为亚硝胺。亚硝胺具有强烈的致癌作用，主要会引起食管癌、胃癌、肝癌和大肠癌等。

基于亚硝酸盐的危险性广泛存在，国家卫生标准已经明确规定了亚硝酸盐的含量限制：生活饮用水中 $NO_2$ 含量 $\leqslant 1.0\ mg \cdot L^{-1}$，矿泉水中 $NO_2$ 含量 $\leqslant 0.005\ mg \cdot L^{-1}$，纯净水中 $NO_2$ 含量 $\leqslant 0.002\ mg \cdot L^{-1}$。因此，监测检测水中的亚硝酸盐含量成了当今社会的重要研究课题之一。

测定亚硝酸盐的方法很多。目前比较常用的方法有重氮偶合分光光度法、催化分光光度法、间隔流动分析法、化学发光法等。本实验依据国家标准 GBT5070.5—2006《生活饮用水标准检验方法无机非金属标准》的测试方法，在 pH 1.7 以下，水中亚硝酸盐与对氨基苯磺酰胺发生重氮化，再与盐酸 N-(1-萘)-乙二胺产生偶合反应，生成紫红色偶氮染料，反应如下：

$NH_2$ ... $SO_2NH_2$ $\xrightarrow[HCl]{NaNO_2}$ $N_2^+Cl^-$ ... $SO_2NH_2$ $\xrightarrow{NHCH_2CH_2NH_2}$ $NHCH_2CH_2NH_2$ ... $N{=}N$ ... $SO_2NH_2$

一般使用紫外可见分光光度法测定水样中亚硝酸盐含量。本实验采用标准曲线法，即配制一系列不同浓度的标准溶液，以 $\rho(NO_2^- - N)$ 或 $V(NO_2^- - N)$ 为横坐标，相应的吸光度 $A$ 为纵坐标，绘制标准曲线。该方法操作简便、快速、干扰少，有良好的选择性，显色反应产物的稳定性高，是一种检测水样中亚硝酸盐的理想方法。

## 【仪器材料】

T6 型紫外/可见分光光度计、10 mm 玻璃比色皿、容量瓶(50 mL、100 mL、500 mL、1000 mL)、刻度吸管(1 mL、10 mL)。

## 【试剂药品】

对氨基苯磺酰胺溶液($10\ g \cdot L^{-1}$)：称取 5 g 对氨基苯磺酰胺，溶于 350 ml 盐酸溶液(1+6)中，用纯水稀释至 500 mL。

盐酸 N-(1-萘)-乙二胺溶液($1\ g \cdot L^{-1}$)：称取 0.2 g 盐酸 N-(1-萘)-乙二胺，溶于 200 mL 纯水中。贮存在冰箱中，可稳定数周。如试剂色变深，应弃之重配。

亚硝酸盐氮标准储备液[$\rho(NO_2^- - N) = 50\ \mu g \cdot mL^{-1}$]：称取 0.246 3 g 在玻璃干燥器中放置 24 h 的亚硝酸钠($NaNO_2$)，每升水中加入 2 mL 三氯甲烷，溶于纯水中并定容至 1 000 mL。

## 【实验步骤】

（1）亚硝酸盐标准使用液制备[$\rho(NO_2^- - N) = 0.1\ \mu g \cdot mL^{-1}$]：取 10.00 mL 亚硝酸盐氮标准储备液，用纯水定容至 500 mL，再从中移取 10.00 mL，用纯水定容至 100 mL。

（2）标准系列制备：分别吸取亚硝酸盐氮标准使用溶液 0 mL、0.5 mL、1.0 mL、2.0 mL、5.0 mL、10.0 mL、20.0 mL、30.0 mL 于 50 mL 的容量瓶中（分别编号为 0～7 号），各加入 1 mL 对氨基苯磺酰胺溶液，摇匀后放置 2～8 min，再加入 1 mL 盐酸 N-（1-萘）-乙二胺溶液，加入超纯水定容至 50 mL 配成亚硝酸盐氮标准系列。

（3）水样（巢湖水、水塘水）预处理：若水样有固体悬浮物，可以先过滤，吸取水样 20 mL（因水质不同，水样用量可增减）于 50 mL 的容量瓶中，各加入 1 mL 对氨基苯磺酰胺溶液，摇匀后放置 2～8 min，再加入 1 mL 盐酸 N-（1-萘）-乙二胺溶液，加入超纯水定容至 50 mL。

（4）以 0 号为参比，分别在 540 nm 波长测量吸光度。

## 【数据记录和处理】

测定标准及样品 540 nm 波长的吸光度，绘制标准曲线和在曲线上直接读出样品的亚硝酸盐的质量浓度（$NO_2^- - N$，$mg \cdot L^{-1}$）。

## 【注意事项】

（1）本标准规定了用重氮偶合分光光度法测定生活饮用水及其水源水中的亚硝酸盐。

（2）可见分光光度法适用于生活饮用水及其水源水中的亚硝酸盐的测定。

（3）可见分光光度法最低检测质量为 0.05 $\mu g$ 亚硝酸盐，若取 50 mL 水样测定，最低检测质量浓度为 0.001 $mg \cdot L^{-1}$。

# 二、紫外分光光度法分析水样中硝酸盐氮

## 【实验目的】

（1）了解水样中硝酸盐氮的测定方法和原理。

（2）掌握紫外分光光度计的测定原理和操作方法。

## 【实验原理】

硝酸盐氮是含氮有机物经过无机化作用后的最终产物。硝酸盐氮含量是水体受到含氮有机物污染程度的一个重要指标。在地表水中，硝酸盐氮含量较低，某些地下水、工业废水和生活污水中含硝酸盐氮较高，过多的硝酸盐氮对人体有害。饮用了含硝酸盐氮高的水，可使血液中变性血红蛋白增加。硝酸根离子易转化生成致癌物质亚硝酸胺。因此，生活饮用水标准中要求硝酸盐氮的含量不超过 10 $mg \cdot L^{-1}$。

测定硝酸盐的方法很多。目前比较常用的方法有酚二磺酸分光光度法、镉-铜还原法或锌－镉还原法。但是这两种方法都有一定的局限性。酚二磺酸分光光度法操作有一定的难度，而且受到 $Cl^-$、$NO_2^-$、$NH_4^+$ 等离子的影响，如果要消除这些干扰，处理水样就比较麻烦。镉－铜还原法操作麻烦，而且还费时。锌－镉还原法存在很大的盐误差。

紫外分光光度法测定硝酸盐氮，是利用硝酸盐在 220 nm 波长具有紫外吸收和在 275 nm 波长不具吸收的性质进行测定的，于 275 nm 波长测出有机物的吸收值，在测定结果中校正。该方法操作简便、快速、干扰少、准确度高、精密度好。

## 【仪器材料】

T6 型紫外/可见分光光度计、1 cm 石英比色皿、容量瓶（50 mL、100 mL、1 000 mL）、刻度吸管（1 mL、2 mL、5 mL、10 mL）。

## 【试剂药品】

无硝酸盐纯水:采用重蒸馏或蒸馏-去离子法制备,用与配制试剂及稀释样品。

盐酸溶液(1+11)。

硝酸盐氮标准储备液[$\rho(NO_3^- - N) = 100\ \mu g \cdot mL^{-1}$]:称取经 105 ℃烤箱干燥 2 h 的硝酸钾($KNO_3$)0.721 8 g,每升水中加入 2 mL 三氯甲烷,溶于纯水中并定容至 1 000 mL,可稳定 6 个月。

硝酸盐氮标准使用溶液[$\rho(NO_3^- - N) = 10\ \mu g \cdot mL^{-1}$]。

## 【实验步骤】

(1) 1 cm 石英比色皿的校正。

将 2 个加入纯水的比色皿擦净。选定一个为参比,调好 0% 和 100% 后,测另一比色皿吸光度 $A$ 值;改变波长再测一次。记录数据。

(2) 硝酸盐氮标准使用溶液[$\rho(NO_3^- - N) = 10\ \mu g \cdot mL^{-1}$]的配制。

吸取 10 mL 硝酸盐氮标准储备液[$\rho(NO_3^- - N) = 100\ \mu g \cdot mL^{-1}$]于 100 mL 容量瓶中,加纯水定容。

(3) 标准系列制备。

分别吸取硝酸盐氮标准使用溶液 0.0 mL(参比)、1.00 mL、2.00 mL、5.00 mL、10.00 mL、15.00 mL 和 20.00 mL 于 50 mL 容量瓶中,各加 1 mL 盐酸溶液,用纯水稀释至 50 mL。

(4) 测量吸光度。

用参比液调节仪器吸光度为 0,分别在 220 nm 和 275 nm 波长测量吸光度。

(5) 水样预处理。

吸取 1 mL 盐酸溶液于 50 mL 容量瓶中,加水样定容。

## 【数据记录和处理】

在标准及样品 220 nm 波长吸光度中减去 2 倍于 275 nm 波长的吸光度,绘制标准曲线并在曲线上直接读出样品的硝酸盐氮的 $\rho(NO_3^- - N, mg \cdot L^{-1})$。

## 【注意事项】

(1) 本标准规定了用紫外分光光度法测定生活饮用水及其水源水中的硝酸盐氮。

(2) 本法适用于未受污染的天然水和经净化处理的生活饮用水及其水源水中的硝酸盐氮的测定。

(3) 本法最低检测质量为 10 μg,若取 50 mL 水样测定,最低检测质量浓度为 0.2 $mg \cdot L^{-1}$。

(4) 本法适用于测定硝酸盐氮的浓度范围为 0～11 $mg \cdot L^{-1}$。

(5) 可溶性有机物、表面活性剂、亚硝酸盐和 $Cr^{6+}$ 对本方法有干扰,次氯酸盐和氯酸盐也能干扰测定。低浓度的有机物可以对测定的不同波长的吸光度予以校正。浊度的干扰可以经过 0.45 μm 膜过滤除去。氯化物不干扰测定,氢氧化物和碳酸盐(浓度可达 1 000 $mg \cdot L^{-1}$ $CaCO_3$)的干扰,可用盐酸[$c(HCl) = 1\ mol \cdot L^{-1}$]酸化予以除去。

(6) 为保护紫外分光光度计,在测量等待间隙将波长调至 400 nm 以上。

(吴允凯　郭荷民)

# 实验十　分 子 荧 光

## 一、奎宁的荧光特性和含量测定

### 【实验目的】

(1) 荧光分光光度法的基本原理。

(2) 学习测定奎宁的激发光谱和荧光光谱。

(3) 了解溶液中的 pH 和卤化物对奎宁荧光的影响及荧光分光光度法测定奎宁的含量。

(4) 了解荧光分光光度计的结构、性能及操作。

### 【实验原理】

荧光是物质分子接受光子能量被激发后,从激发态的最低振动能级返回基态时发射出的光。荧光分析法是根据物质的荧光谱线位置及其强度进行物质鉴定和含量测定的方法,其主要优点是灵敏度高、选择性好,其检测限可达 $10^{-10}$ g·mL。如果待测物质是分子,则称为分子荧光。

由于处于基态和激发态的振动能级几乎具有相同的间隔,分子和轨道的对称性未改变,所以有机化合物的荧光光谱和激发光谱具有镜像关系。

在低浓度时,分子荧光强度可用下式表示:

$$F = 2.3K'I_0Ecl = Kc$$

即在浓度 $c$ 很小时,溶液的荧光强度与溶液中荧光物质的浓度呈线性关系。根据此定量关系，可采用标准曲线法，即已知量的标准物质，经过和试样同样处理后，配制一系列标准溶液，测定这些溶液的荧光后，用荧光强度对标准溶液的浓度绘制标准曲线，再根据试样的荧光强度，在标准曲线上求出试样中荧光物质的含量。

奎宁在稀硫酸中是强的荧光物质，它有两个激发波长：250 nm 和 350 nm，荧光发射峰在 450 nm。

## 【仪器材料】

荧光分光光度计、石英比色皿、容量瓶（1 000 mL 2 个、50 mL 10 个）、10 mL 吸量管 1 支。

## 【试剂药品】

奎宁贮存液（10.0 μg · $mL^{-1}$）：120.7 mg 硫酸奎宁二水合物中加 50 mL 1 mol · $L^{-1}$ $H_2SO_4$ 溶液，用去离子水定容至 1 000 mL，并将此溶液稀释 10 倍，得 10.00 μg/mL 奎宁标准溶液。

0.05 mol · $L^{-1}$溴化钠溶液、缓冲溶液（pH 为 1.0、2.0、3.0、4.0、5.0、6.0）、0.05 mol · $L^{-1}$ $H_2SO_4$。

## 【实验步骤】

### 1. 未知溶液中奎宁含量的测定

（1）绘制激发光谱和荧光光谱

以 $\lambda_{em}$ = 450 nm，在 200～400 nm 范围扫描激发光谱，以 $\lambda_{ex}$ = 250 nm 或 350 nm，在 400～600 nm 范围扫描荧光光谱。

（2）标准溶液的配制

取 6 支 50 mL 容量瓶，编号为 1、2、3、4、5、6，分别加入 10.00 μg/mL 奎宁标准溶液 0.00 mL、2.00 mL、4.00 mL、6.00 mL、8.00 mL、10.00 mL，均加入用 0.05 mol · $L^{-1}$ $H_2SO_4$ 稀释至刻度，摇匀。

（3）标准曲线的绘制

将激发波长固定在 350 nm（或 250 nm），发射波长为 450 nm，测量系列标准溶液的荧光强度。绘制标准曲线。

(4) 未知样的测定

取4～5片奎宁药片，研细，准确称取约0.1 g，用0.05 mol·$L^{-1}$ $H_2SO_4$ 溶解，全部转移至1 000 mL容量瓶，以0.05 mol·$L^{-1}$ $H_2SO_4$ 稀释至刻度，摇匀。取溶液5.00 mL于50 mL容量瓶中，用0.05 mol·$L^{-1}$ $H_2SO_4$ 溶液稀释至刻度，摇匀。在标准系列溶液同样条件下，测量试样溶液的荧光发射强度。

### 2. pH对溶液荧光强度的影响

取6支50 mL容量瓶，编号为1、2、3、4、5、6，各瓶均加入10.00 μg/mL奎宁标准溶液2.00 mL，依次用pH为1.0、2.0、3.0、4.0、5.0、6.0的缓冲溶液稀释至刻度，摇匀。将激发波长固定在350 nm(或250 nm)，发射波长为450 nm，测量系列溶液的荧光强度。

### 3. 卤化物猝灭奎宁荧光实验

取10.00 μg/mL奎宁溶液4.00 mL分别放于5个50 mL的容量瓶中，分别加入0.05 mol·$L^{-1}$的NaBr 1.00 mL、2.00 mL、4.00 mL、8.00 mL、16.00 mL，用0.05 mol·$L^{-1}$ $H_2SO_4$ 溶液稀释至刻度，摇匀，测系列荧光强度。

## 【数据记录和处理】

(1) 记录不同浓度奎宁溶液的强度(表10.1)，并绘制荧光强度对奎宁溶液浓度的标准曲线，再由标准曲线确定未知试样的浓度，以此计算药片中奎宁含量。

**表10.1　不同浓度奎宁溶液的荧光强度**

| | 1 | 2 | 3 | 4 | 5 | 6 | 未知试样 |
|---|---|---|---|---|---|---|---|
| $F$ | | | | | | | |
| $c$ | | | | | | | |

(2) 记录不同pH下荧光强度(表10.2)，并以荧光强度对pH作图，得出奎宁荧光强度与pH关系的结论。

表 10.2　不同 pH 下奎宁溶液荧光强度

| pH | 1.0 | 2.0 | 3.0 | 4.0 | 5.0 | 6.0 |
|---|---|---|---|---|---|---|
| $F$ | | | | | | |

(3) 记录不同溴离子浓度下奎宁溶液的荧光强度(表 10.3),并以荧光强度对溴离子浓度作图。

表 10.3　不同溴离子浓度下奎宁溶液荧光强度

| $c_{Br^-}$ | | | | | |
|---|---|---|---|---|---|
| $F$ | | | | | |

## 【思考题】

(1) 为什么测量荧光必须和激发光的方向成直角?

(2) 如何绘制激发光谱和发射光谱?

(3) 能用等浓度的 HCl 来代替 $H_2SO_4$ 吗?

# 二、荧光法测定乙酰水杨酸和水杨酸

## 【实验目的】

(1) 掌握荧光法测定药物中乙酰水杨酸和水杨酸的方法。

(2) 进一步掌握荧光分光光度计的使用方法。

## 【实验原理】

乙酰水杨酸(ASA)又称为阿司匹林,水解即生成水杨酸(SA)。

在阿司匹林中或多或少会存在一些水杨酸,用氯仿作溶剂,采用荧光分光光度法可以分别对其含量进行测定。加少量醋酸可以增加二者的荧光强度。

在 1% 醋酸-氯仿中,乙酰水杨酸和水杨酸的激发光谱和发射光谱如图 10.1 所示。

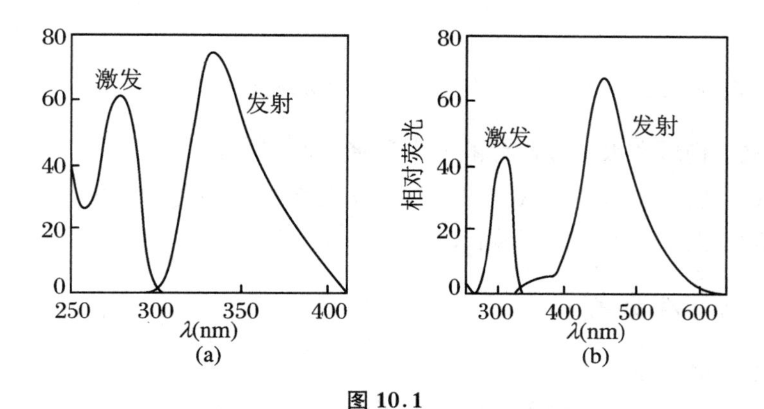


**图 10.1**

(a) ASA 激发光谱图和发射光谱图;(b) SA 激发光谱图和发射光谱图

为了消除药片之间的差异,可取几片药片一起研磨,然后选取部分有代表性的样品进行分析。

## 【仪器材料】

荧光分光光度计、石英比色皿、容量瓶(1 000 mL 2 只、100 mL 8 只、50 mL 10 只)、10 mL 吸量管 2 支。

## 【试剂药品】

乙酰水杨酸贮备液:称取 0.400 0 g 乙酰水杨酸溶于 1%醋酸-氯仿溶液中,并用其定溶于 1 000 mL 容量瓶中。

水杨酸贮备液:称取 0.750 g 水杨酸溶于 1% 醋酸-氯仿溶液中,并用其定溶于 1 000 mL 容量瓶中。

醋酸、氯仿。

## 【实验步骤】

### 1. 绘制 ASA 和 SA 的激发光谱和荧光光谱

将乙酰水杨酸和水杨酸贮存液分别稀释 100 倍(可每次稀释 10 倍,分 2 次完成)。用该溶液分别绘制 ASA 和 SA 的激发光谱和荧光光谱曲线,并分别找到它们的最大激发波长和最大发射波长。

### 2. 绘制标准曲线

(1) 乙酰水杨酸标准曲线

在 5 只 50 mL 的容量瓶(分别编号为 1、2、3、4、5)中,用吸量管分别加入 4.00 μg/mL ASA 溶液 2.00 mL、4.00 mL、6.00 mL、8.00 mL、10.00 mL,用 1% 醋酸-氯仿溶液稀释至刻度,摇匀。分别测量其荧光强度。

(2) 水杨酸标准曲线

在 5 只 50 mL 的容量瓶(分别编号为 1#、2#、3#、4#、5#)中,用吸量管分别加入 7.50 μg/mL SA 溶液 2.00 mL、4.00 mL、6.00 mL、8.00 mL、10.00 mL,用 1% 醋酸-氯仿溶液稀释至刻度,摇匀。分别测量其荧光强度。

### 3. 阿司匹林药片中乙酰水杨酸和水杨酸的测定

将 5 片阿司匹林药片①称量后磨成粉末,称取 400.0 mg 用 1%醋酸-氯仿溶液溶解,全部转移至 100 mL 容量瓶中,用 1%醋酸-氯仿溶液稀释至刻度,迅速通过定量滤纸过滤。

用该滤液在与标准溶液同样条件下测量 SA 的荧光强度。

将上述滤液稀释 1 000 倍(用 3 次稀释来完成),与标准溶液同样条件测量 ASA 荧光强度。

## 【数据记录和处理】

(1) 从绘制的 ASA 和 SA 激发光谱和荧光光谱曲线上,确定它们的最大激发

---

① 阿司匹林药片溶解后,1 h 内要完成测定,否则 ASA 的量将变低。

波长和最大发射波长。

(2) 记录不同浓度 ASA 和 SA 溶液的荧光强度(表 10.4),分别绘制 ASA 和 SA 标准曲线,并从标准曲线上确定试样溶液中 ASA 和 SA 的浓度,并计算每片阿司匹林药片中 ASA 和 SA 的含量(mg),并将 ASA 测定值与说明书上的标示量作比较。

表 10.4　不同浓度 ASA 溶液的荧光强度

| | 1 | 2 | 3 | 4 | 5 | 药片 | |
|---|---|---|---|---|---|---|---|
| $c_{ASA}$ | | | | | | | |
| $F_{SA}$ | | | | | | | |
| | 1# | 2# | 3# | 4# | 5# | 药片 | |
| $c_{ASA}$ | | | | | | | |
| $F_{SA}$ | | | | | | | |

## 【思考题】

(1) 标准曲线是直线吗？若不是,从何处开始弯曲？并解释原因。

(2) 从 ASA 和 SA 的激发光谱和发射光谱曲线,解释此方法可行的原因。

## 【拓展阅读】

### Cary Eclipse 型荧光分光光度计标准操作规程

1. 样品准备

液体样品需检查浓度范围是否合适,如果需要稀释,则要考虑所需溶剂类型和稀释倍数。

2. 操作步骤

(1) 接通电源。打开计算机,打开主机电源。主机同时会发出吱吱的响声,表示脉冲电源正常工作。

(2) 双击“Cary Eclipse”图标进入该程序,双击“Scan”快捷键,进入“Scan-

Online”状态。

(3) 点击“Step”图标,选择模式,设置激发和发射波长范围、扫描速度、存储方式等参数,按“OK”返回。

(4) 点击“Zero”图标,调节基线零点。

(5) 打开主机盖板,将待测样品倒入荧光比色皿,将比色皿外表用吸水纸吸干后,放入比色皿架,关上盖板,点击“Start”图标,扫描激发或发射图谱。

(6) 测试完成后,取出比色皿,洗净。关上主机盖板。

(7) 关闭电脑,关主机电源,总电源。

### 3. 注意事项

(1) 溶液中的悬浮物对光有散射作用,必要时应进行过滤处理。

(2) 温度对荧光强度影响较大,需控制温度一致。

(3) 测定时需注意溶液 pH 和试剂的纯度等对荧光强度的影响。

(4) 所用玻璃仪器与荧光比色皿须保持高度洁净。

(洪　石)

# 实验十一　原子吸收光谱法

## 一、火焰法测定发样中的微量元素 Zn、Cu

### 【实验目的】

（1）掌握原子吸收分光光度法的基本原理。

（2）了解测定生物样品中微量元素的处理方法。

（3）了解 AAS 的操作方法。

### 【实验原理】

原子吸收光谱仪因具有灵敏、准确、操作简便等特点，现已被广泛应用在食品、环境、医药、地质测定等方面。Zn 和 Cu 是人体的必需微量元素，是体内某些酶的活性基团、辅助因子，在新陈代谢中起着重要作用，对它们的研究也越来越重视。Zn 和 Cu 元素含量的测定常使用原子吸收光谱法。

本实验使用原子吸收光谱仪测定人发样中的 Zn 和 Cu 元素。发样中 Zn 和 Cu 元素结合于蛋白质中，测定前样品必须进行处理，将其变成溶液中的无机离子，然后测定其含量。

原子吸收光谱法是利用基态原子对特征波长光辐射吸收现象的一种测定方法。当气态的基态原子吸收特征波长辐射后，会跃迁至激发态，由光源元素灯发出的特征谱线会被相应的元素原子蒸汽吸收，其吸收的强度与原子蒸汽的浓度符合比尔定律。在实验条件固定时，原子蒸汽浓度与溶液中该离子浓度成正比，即

$$A = Kc$$

式中 $A$ 为吸光度,$K$ 为常数,$c$ 为溶液该元素的离子浓度。

采用标准曲线法,获得发样中 Zn 和 Cu 的含量。

## 【仪器材料】

TAS-990 型原子吸收光谱仪,可调温电炉,电子分析天平,电烘箱,Zn,Cu 元素空心阴极灯,容量瓶,刻度吸管,烧杯,干燥器,试管架,可调取样器,定性滤纸。

## 【试剂药品】

$HNO_3$(分析纯),$HClO_4$(分析纯),去离子水,纯净水,Zn(1 000 $\mu g \cdot mL^{-1}$)、Cu(1 000 $\mu g \cdot mL^{-1}$)贮备液。

## 【实验步骤】

### 1. 样品的采集和处理

(1) 用不锈钢剪刀剪取自己脑后枕部位发根段(约 1 cm),发样约 1 g(此步骤可由实验者相互进行)。

(2) 将发样置烧杯中,加 2%洗洁精浸泡 30 min,中间可进行几次搅拌。倾倒去浸泡液(注意:勿使样品损失太多),用自来水洗至无泡沫,再用蒸馏水洗涤 3 遍,最后用去离子水洗涤 3 遍。稍沥去水后,将发样用滤纸包起,至于电烘箱中,烘 4 h($T = 80$ ℃)。

(3) 准确称取发样 0.1 g,置于 10 mL 刻度试管中,加入 2 mL $HNO_3$,在电炉上加热硝化,保持微沸状态,当大部分 $HNO_3$ 挥发掉,且硝化液变清亮时,加入 1 mL $HClO_4$ 于电炉上,在更高温度下硝化,至完全冒白蒸气时停止,冷却后加去离子水至刻度,摇匀,标为 1 号试管。再取此溶液 1.00 mL 于另一 10 mL 刻度试管(2 号)中,加去离子水至刻度。

### 2. 标准系列溶液的配制

(1) 用移液管吸取 5 mL Zn 贮备液于 50 mL 容量瓶中,用纯净水稀释至

50 mL,此为一次稀释液。

(2) 用移液管吸取一次稀释液 5 mL 于 50 mL 容量瓶中,用纯净水稀释至 50 mL,此为二次稀释液。

(3) 用移液管分别吸取二次稀释液 1 mL、2 mL、3 mL、4 mL、5 mL 于 5 个50 mL 容量瓶中,分别用纯净水稀释至 50 mL。此时 Zn 标准溶液的浓度分别为 $0.20\ \mu g \cdot mL^{-1}$、$0.40\ \mu g \cdot mL^{-1}$、$0.60\ \mu g \cdot mL^{-1}$、$0.80\ \mu g \cdot mL^{-1}$、$1.00\ \mu g \cdot mL^{-1}$。

用同样的方法来配制 Cu 标准溶液。

### 3. 样品溶液的配制

用移液管吸取 2 mL 发样溶液于 50 mL 容量瓶,用纯净水稀释至 50 mL。

步骤 2 和 3 中用到的玻璃仪器均需用硝酸浸泡。

### 4. 吸光度的测定

在原子吸收光谱仪上,于下列条件下测定标准溶液和样品液的吸光度(用纯净水调零):

| Zn | | Cu | |
|---|---|---|---|
| 灯电流 | 3 mA | 灯电流 | 3 mA |
| 狭缝宽度 | 0.7 nm | 狭缝宽度 | 0.7 nm |
| 测定波长 | 213.9 nm | 测定波长 | 324.7 nm |
| 燃烧器高度 | 6 mm | 燃烧器高度 | 6 mm |
| 燃气流量 | $1\,200\ mL \cdot min^{-1}$ | 燃气流量 | $1\,200\ mL \cdot min^{-1}$ |
| 空气压力 | 0.2～0.3 MPa | 空气压力 | 0.2～0.3 MPa |
| 乙炔压力 | 0.05～0.08 MPa | 乙炔压力 | 0.05～0.08 MPa |

## 【数据处理】

将实验数据填入表 11.1 中。

**表 11.1　实验测定结果**

| 溶液编号 | 1 | 2 | 3 | 4 | 5 | 样品 |
|---|---|---|---|---|---|---|
| 浓度($\mu g \cdot mL^{-1}$) | | | | | | |
| A | | | | | | |

根据原子吸收光谱仪给出的结果，来计算发样品中 Zn 或 Cu 的含量。

发样中 Zn 的含量为__________。

发样中 Cu 的含量为__________。

## 【注意事项】

由于测定的灵敏度极高，稍有污染就会对结果造成较大的影响，所以使用的容量瓶、刻度吸管等玻璃仪器必须在洗涤干净后，用 10% $HNO_3$ 浸泡 24 h 以上，待用时取出，并用自来水和纯净水洗干净。

$HNO_3$ 和 $HClO_4$ 为强腐蚀性物质，使用时要注意安全保护，要戴手套操作。

## 【思考题】

(1) 可否用一个元素灯来测定所有元素？

(2) 样品溶液为什么要进行稀释处理后再测定 Zn？

(3) 试样原子化的方法有哪几种？

# 二、石墨炉法测定血样中的 Pb

## 【实验目的】

(1) 理解石墨炉原子吸收光谱法的原理。

(2) 熟悉非火焰原子化中的石墨炉原子化法的应用。

(3) 了解石墨炉原子化法的操作。

## 【实验原理】

石墨炉原子吸收光谱法，属于非火焰原子光谱分析法。此法采用石墨炉加热使石墨管升至 2 000 ℃以上的高温，使石墨管内试样中的待测元素分解成气态基态原子，由于气态基态原子吸收其共振线，且吸收强度与待测元素含量成正比，可用于定量分析。测定的样品在石墨炉中经历干燥、灰化、原子化和除残渣四个步骤。

此外，此法具有试样用量小，绝对灵敏度达 $10^{-14}$ g，较火焰法高几个数量级，可直接测定固体样品等特点。但同时仪器较复杂，背景吸收干扰较大。

## 【仪器材料】

原子光谱仪、石墨管、10 mL 刻度试管、可调取样器、容量瓶。

## 【试剂药品】

铅贮备液、浓 $HNO_3$（分析纯）、去离子水。

## 【实验步骤】

### 1. 样品溶液的配制

取静脉血样 0.30 mL 于 10 mL 刻度试管中，加 1% $HNO_3$ 溶液定容至 10 mL，离心，静置，取上清液待用。

### 2. 标准溶液的配制

配制浓度为 0.00 μg · $mL^{-1}$、2.50 μg · $mL^{-1}$、5.00 μg · $mL^{-1}$、7.50 μg · $mL^{-1}$、10.00 μg · $mL^{-1}$ 的标准溶液。

### 3. 测定

仪器参数如下：

波长:283.3 nm　灯电流:6.0 mA　狭缝:0.5 nm　高压:398 V

干燥温度:105 ℃　干燥时间:40 s　灰化温度:400 ℃　灰化时间:15 s

原子化温:1 400 ℃　原子化时间:3.0 s　清洗温度:2 500 ℃　清洗时间:3.0 s

介质:1% $HNO_3$　进样量:20 L

## 【数据处理】

根据电脑给出的结果，来计算血样中铅的含量。

## 【思考题】

（1）非火焰原子吸收光谱仪具有哪些特点？

（2）非火焰原子吸收光谱仪具有哪些应用？

## 【拓展阅读】

### 北京普析通用 TAS－990 型火焰原子化法原子吸收光谱仪操作规程

北京普析通用 TAS－990 型火焰原子化法原子吸收光谱仪操作规程操作步骤如下：

（1）依次打开稳压器电源、计算机和仪器主机电源。

（2）双击“AAwin”软件图标，点“确定”，仪器自动进入自检；自检完成后，点下拉菜单设定和选择工作灯及预热灯，点击“下一步”，设定燃气流量为 1 200，点“下一步”，再点“寻峰”，出现峰值后，点“关闭”，再点“下一步”，点“完成”。

（3）用对光板检查光斑是否在燃烧缝的正上方，如果不在，点“仪器”，再点“燃烧器参数”修改“高度”“位置”值。

（4）点“参数”：“测量方式”选择“自动”；“间隔时间”设为 1 s；“采样延时”设为 0 s。点“信号处理”：“计算方式”选择“连续”；“积分时间”设为 1 s；“滤波系数”设为 1；“重复次数”选择“常规”，标样重复设 3 次，未知样重复设 3 次。

（5）点“样品”→“浓度单位”→“下一步”，输入配好的标样浓度数据，点“下一步”→“完成”。

（6）打开空压机，设置压力为 0.2～0.3 MPa；打开乙炔钢瓶，设置送气压力为 0.05～0.08 MPa；向液位开关里加水至出水管有水溢出（在主机背板）。

（7）点“点火”按钮，火焰被点燃。

（8）将进样管放入空白标样中，点“能量”，再点“自动能量平衡”，当“关闭”变黑后点“关闭”；点“测量”，测量窗口打开，点“校零”→“测量”→“开始”做标准曲线

(做标样时要等数据稳定后即曲线上升至平稳状态时才点“开始”),标准曲线做好后测量样品。

注意:每做一个样品都要清洗进样管。

(9) 点“终止”,双击左侧标准曲线图,则会出现工作曲线状态相关数据,保存或打印测量结果。

(10) 如需测下一个元素:先遮住探头临时熄火(原子化室左侧),将进样管拿出(不吸水)后再点“元素灯”→“确定”,重复第3步。

(11) 测试完成,先关闭乙炔瓶总阀,当火焰熄灭后再关闭空压机。

(12) 关闭AAWin操作软件,关闭主机电源,关闭计算机和稳压器电源。

注:标准曲线不理想时,可重新测量,方法为:点测量窗口中的“终止”,右击鼠标选“重新测量”,选择需重新测量的样品号,测量至测量数据合适为止,点“终止”,再点“测量”,可继续测量下一个样品。

进行以上操作时的注意事项如下:

(1) 熄火时一定要最先关闭乙炔瓶总阀!

(2) 空压机连续工作4小时以上要放水,放水时一定要先将火熄灭。

(3) 乙炔瓶内压力不足0.4 MPa时,更换乙炔,换乙炔后一定要给钢瓶试漏!

(4) 使用电脑时要注意防毒,不要上网。

(5) 废液管要定期检查,保证废液排除畅通。

(陶　梅)

# 实验十二　色　谱　法

色谱法又称层析法，是分离、提纯和鉴定化合物的重要方法之一。色谱法的基本原理是：使混合物的组分随着流动的液体或气体（称流动相）通过另一种固定不动的固体或液体（称固定相），利用混合物中各组分在两相中物理性质的差别（例如溶解性能、吸附性能及其他亲和性能等），达到分离、提纯和鉴定的目的。色谱法根据其分离原理可分为分配色谱、吸附色谱、离子交换色谱等；而根据操作条件的不同又可分为柱色谱、薄层色谱、纸色谱、气相色谱及液相色谱等。本实验将介绍吸附柱色谱分离法和吸附薄层色谱这两种分离、提纯和鉴定化合物的方法。

## 一、柱 色 谱 法

### 【实验目的】

(1) 了解柱色谱分离原理，练习柱色谱法基本操作。

(2) 学会利用柱色谱法分离植物色素的技术。

### 【实验原理】

本实验采用的是吸附柱色谱分离方法。首先将欲分离的溶液或液体混合样品流经装有吸附剂（固定相）的长管（色谱柱），再选择极性适当的溶剂（洗脱剂）作为流动相，使其以一定流速通过色谱柱对混合样品进行洗脱。在自上而下的洗脱过程中，混合样品在固定相上反复发生吸附—解吸—再吸附—再解吸的过程，由于各组分在固定相中被吸附能力及在流动相中溶解性能的不同，造成它们在柱内的移动速度存在差异，其中被吸附能力弱且溶解性能好的组分下移速度快，而被吸附能力强且溶解性能差的组分下移速度慢，由此而达到最终分离的目的，如图 12.1 所示。

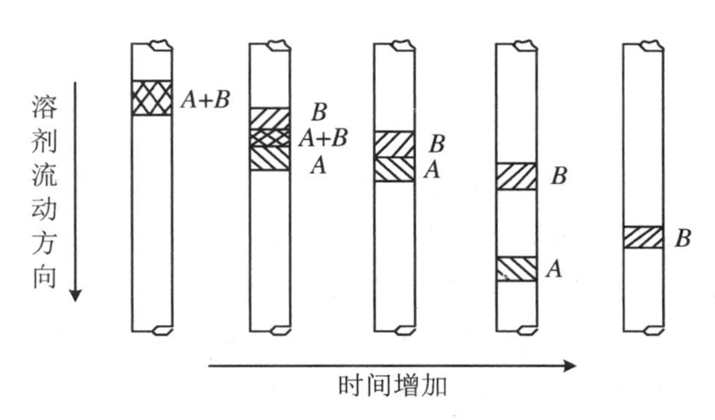


**图 12.1　柱色谱的展开过程**

吸附柱色谱常用的固定相是硅胶和氧化铝，其吸附能力的大小用“活性”来表示，活性大小与含水量直接相关。含水量较大时，吸附能力很弱，甚至会失去吸附能力，因此一般都需要进行预处理——活化。

洗脱剂通常需要进行适当的选择。极性溶剂洗脱极性化合物是有效的，非极性溶剂则有利于非极性化合物的洗脱，若欲分离的混合组分组成复杂，单一溶剂往往不能达到有效的分离，通常选用混合溶剂来进行洗脱。

柱色谱的操作分为装柱和洗脱两个部分：

## 1. 装柱

色谱柱的大小取决于分离物质的量和吸附剂的性质，一般的规格是柱的直径与长度比为(1∶10)～(1∶4)。实验中常用色谱柱的直径为 0.5～10 cm，装好的色谱柱，要求固定相必须均匀地填在柱内，不能有气泡、空隙、裂缝，否则将对洗脱和分离的效果产生不良影响。

通常有两种装柱方法：

(1) 湿法装柱。

把洗净、干燥的色谱柱竖直固定好，将溶剂和固定相调成的糊状物一次性地快速倒入柱中，吸附剂通过溶剂慢慢下沉。注意事项：① 装柱过程中用玻璃棒轻轻敲击色谱柱，使填料均匀；② 自始至终不要让柱内的液面降至固定相高度以下；③ 固定相顶部不要形成斜面或凹凸不平；④ 柱顶部 1/4 处一般不充填固定相，以便使固定相上面始终保持一定量的溶剂。

(2) 干法装柱。

固定相通过干燥的玻璃漏斗连续且缓慢地加入洗净、干燥的色谱柱中，再将溶剂用滴管沿柱壁加入，直至下方放置的烧杯或锥形瓶接收到液体。注意事项同湿法装柱。

2. 洗脱

溶剂下降至固定相表面时，开始使用色谱柱。待分离样品溶解在尽可能少的溶剂中，该溶剂一般是展开色谱的第一个洗脱剂。用滴管把试样液沿柱壁小心地转移到色谱柱中，并用少量溶剂分数次洗涤柱壁上所沾试液，直至无色。此后几次加液，应等柱内液面下降到固定相表面时加入。再往后可将洗脱剂装满柱顶部，并维持液面高度。使用不同的洗脱剂可分别将不同组分洗脱下来。若不同组分颜色不同，可根据颜色差别分别收集；若组分均是无色的，则分段连续收集，再分别检测，当所有组分都洗出来后，即停止洗脱。

本实验用活性氧化铝为吸附剂进行植物色素的柱色谱分离。

绿色植物的茎、叶中含有胡萝卜素、叶黄素和叶绿素等色素。植物色素中的胡萝卜素(分子式 $C_{40}H_{55}$)有三种异构体——α-胡萝卜素、β-胡萝卜素、γ-胡萝卜素，其中β-胡萝卜素具有维生素A的生理活性，其结构是两分子的维生素A在链端失去两分子水结合而成的，在生物体内β-胡萝卜素受酶催化氧化即形成维生素A。叶黄素(分子式 $C_{40}H_{56}O_2$)最早从蛋黄中分离出来。叶绿素有两个异构体——叶绿素a和叶绿素b，它们都是吡咯衍生物与金属的结合物，是植物光合作用所必需的催化剂。

## 【仪器材料】

层析柱1支(1 cm×3 cm)、干漏斗1个、研钵1个、剪刀1把、橡皮塞2个、烧杯2个、锥形瓶4个、量筒1个、玻棒1支、水泵1个、干烧杯1个、脱脂棉、干燥器1个、抽气瓶(带耐压橡皮管)1个、试管若干、100 mL分液漏斗1个。

## 【试剂药品】

95%乙醇、无水硫酸钠、层析用中性氧化铝(100～200目)、石油醚(60～90 ℃)、丙酮、正丁醇、乙醇、乙酸乙酯、氯仿、干红辣椒皮、新鲜冬青树叶、20%鱼肝油氯仿溶液、$SbCl_3$氯仿溶液。

## 【实验步骤】

### (一) 干红辣椒皮中植物色素的提取与分离

#### 1. 样品的提取

取干红辣椒皮 2 g，剪碎后放入研钵中，加 2∶1 的石油醚-乙醇 4 mL，研磨至提取液呈深红色，再加石油醚 6 mL 研磨 3～5 min，提取液颜色愈深则表明色素含量愈高。置提取液于 40～60 mL 分液漏斗进行分液，用 20 mL 蒸馏水洗涤 2～3 次，直至水层透明为止，以除去乙醇和其他水溶性物质(洗涤时要轻轻振荡以防止乳化)，将红色有机相层倒入干燥试管中，加少量无水 $Na_2SO_4$ 除去水分，并用软木塞塞紧以免石油醚挥发，备用。

#### 2. 装柱

将 1 支层析柱玻管垂直固定在铁架上，以 25 mL 锥形瓶作洗脱液的接收器，称取活性氧化铝 15 g，以 9∶1 的石油醚-丙酮为溶剂，采取湿法装柱。

#### 3. 加样

当溶剂液面刚好流至层析柱面时(氧化铝表面不能露出液面)，立即沿柱壁缓缓加入 2 mL 样品溶液，当加入的溶液流至层析柱面时，立即用少量 9∶1 的石油醚-丙酮溶剂洗下管壁的有色物质。

#### 4. 洗脱分离

连续加入 9∶1 的石油醚-丙酮溶剂，控制流速为每秒 1 滴，当第一个橙黄色带流出时(流出的是胡萝卜素(约用洗脱剂 50 mL))，换另一接收器接收，然后换用 7∶3 的石油醚-丙酮洗脱，当第二个棕色带流出时(流出的是叶黄素(约用洗脱剂 200 mL))，再另换一个接收器接收，然后再换用 3∶1∶1 的正丁醇-乙醇-水洗脱，分别接收叶绿素 a(蓝绿色)和叶绿素 b(黄绿色)(约用洗脱剂 30 mL)。

洗脱完毕后，倒出柱内氧化铝，回收统一处理，玻璃柱洗净倒置于铁架台上。

5. 定性检验

将盛有橙黄色溶液(即胡萝卜素-石油醚溶液)的试管放入水浴中蒸干后,加入少许氯仿,使残渣溶解,再加入 $SbCl_3$ 氯仿液 10 滴,反应立即呈现蓝色。如果胡萝卜素含量较高,即石油醚橙色较深,则可不必蒸干,直接用此溶液做定性反应。

6. 对照实验

取 20%鱼肝油氯仿溶液 0.2 mL,加入 $SbCl_3$ 试剂 1 mL,立即出现蓝色,此为维生素 A 的特性反应,胡萝卜素反应与其颜色相似,但所需的显色时间稍长。

## (二) 冬青树叶中 β-胡萝卜素的提取与分离

1. 样品的提取

取 3 g 新鲜冬青树叶,洗净并用滤纸吸干,剪碎置于研钵中,加入 5 mL 乙醇研磨,磨好后先用 10 mL 乙醇浸取,再用 20 mL 石油醚分两次浸取,每次浸取液都滤入 100 mL 分液漏斗中,将合并的浸取液水洗 2 次(每次 10 mL 水)。弃去水层,石油醚层加少量无水 $Na_2SO_4$ 干燥(约 15 min),然后过滤到具支试管中,减压浓缩至 1~2 mL。

2. 装柱

同(一)中装柱方法。

3. 加样

同(一)中加样方法。但此处需用少量 6∶4 的石油醚-乙酸乙酯溶剂洗下管壁的有色物质。

4. 洗脱分离

连续加入 6∶4 的石油醚-乙酸乙酯溶剂,控制流速每秒 1 滴,可以看到黄色组分缓缓向下移动,待第一组分将流出时(流出的是胡萝卜素),用一干净的小试管接收,以作光谱鉴定用。

5. 鉴定

将所得样品进行紫外光谱分析，扫描波长为400～500 nm，石油醚作空白对照，将所得谱图与标准谱图对照，判断分离效果并对结果进行分析总结。

## 【思考题】

(1) 为什么极性较大的组分要用极性较大的溶剂洗脱？

(2) 层析柱中若留有空气或装填不匀，会怎样影响分离效果？如何避免？

# 二、薄层色谱法

## 【目的要求】

初步了解薄层层析的基本原理，学会基本操作技术。

## 【实验原理】

薄层色谱(层析)是将固体吸附剂氧化铝或硅胶均匀地涂布于玻璃板上制成薄层，将要分析的样品加到薄层上，然后用合适的溶剂进行展开而达到分离、鉴定的目的。为了使样品的各组分得到分离，必须选择合适的吸附剂。硅胶和氧化铝是应用最广泛的吸附剂。在吸附剂中添加合适的黏合剂后再涂布，可使薄层粘牢在玻璃上。硅胶G就是已经加入煅石膏的层析用吸附剂。吸附剂可以把一些物质从溶液中吸附到其表面上，利用其对各种物质的吸附能力的差异，再经适合的溶剂系统展开就可以使不同物质得到分离。

通常用比移值($R_f$)表示样品移动和展开剂(流动相)移动的关系。在溶剂组成、温度、薄板的质量等条件一定的情况下，$R_f$ 值为一常数，借此可作分析的依据(图12.2、图12.3)。

$$R_f = \frac{展开后斑点与原点之间的距离}{原点与溶剂前沿的距离}$$

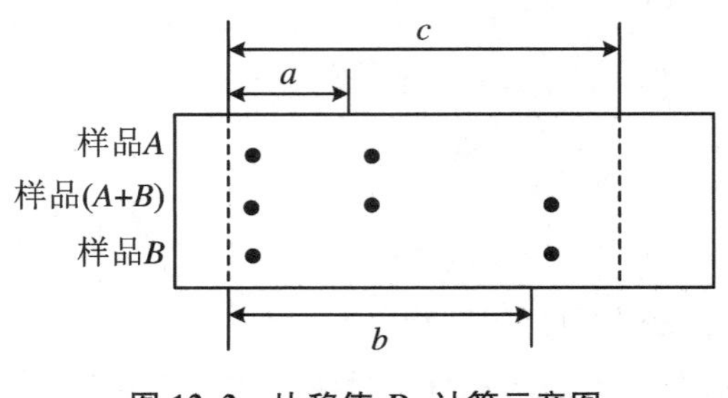


图 12.2 比移值 $R_f$ 计算示意图

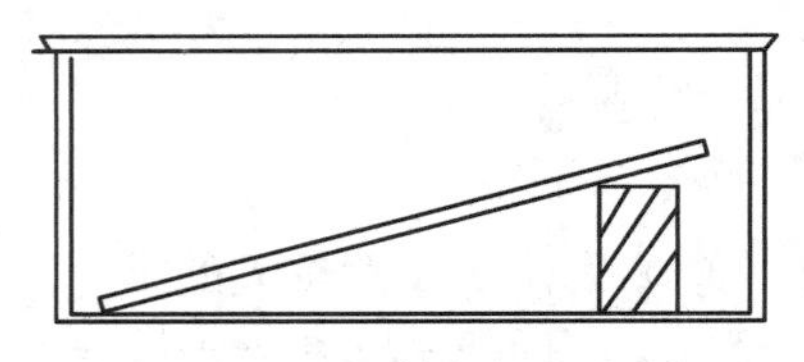

图 12.3 倾斜上行法展开

$R_f$ 值常小于 1，$R_f$ 值为 0 表示溶质不能动。

如图 12.2 所示，化合物 $A$ 的 $R_f$ 值 $=\frac{a}{c}$，化合物 $B$ 的 $R_f$ 值 $=\frac{b}{c}$。

## 【仪器材料】

层析槽(缸)、毛细管、玻璃板、烧杯、喷雾器、紫外灯、烘箱。

## 【试剂药品】

硅胶 G、0.1%小檗碱乙醇溶液、0.1%咖啡因氯仿溶液、氯仿、甲醇、偶氮染料Ⅰ(1%偶氮苯的 $CCl_4$ 溶液)、偶氮染料Ⅱ(0.01%对二甲氨基偶氮苯的 $CCl_4$ 溶液)、偶氮染料Ⅲ(偶氮染料Ⅰ和Ⅱ的混合物)。

## 【实验步骤】

### 1. 薄层色谱法分离偶氮染料

(1) 硅胶 G 薄板①的制备。

玻璃板预先洗净烘干，称取 3 g 硅胶 G，加入 6 mL 蒸馏水，在烧杯中调成糊状

① 加黏合剂的称硬板(硅胶 G 板)。不加黏合剂的薄板称软板，展开只能用近水平上升法展开。

物，搅拌均匀后倒在玻璃板上，倾斜玻璃板，略加振荡，使硅胶 G 铺成均匀的薄层。自然干燥后，放入烘箱内于 110 ℃烘 30 min，即可取出使用。制成的薄层要表面平整，厚薄均匀。

(2) 点样。

在薄板一端距边 1 cm 处，用毛细管①分别点上偶氮染料Ⅰ、偶氮染料Ⅱ和偶氮染料Ⅲ。原点直径为 2～3 mm②，样品之间距离为 1～1.5 cm。

(3) 展开。

以四氯化碳：氯仿＝3：2(体积比)的混合液为展开剂，在密闭容器层析缸中展开。展开前先将展开剂在层析缸内饱和约 10 min，将层析板放入缸(槽)内。点样一端在下，浸入展开剂约 0.5 cm，但不能浸至试样点。盖好盖，观察展开剂前沿上升到层析板上端约 2 cm(或板的 3/4)处，取出薄板，尽快③用铅笔在展开剂的前沿处画上记号，然后置通风处晾干，或用吹风机冷风吹干。

本实验所用样品本身有颜色，故无需显色即可计算 $R_f$ 值。

### 2. 薄层色谱法分离和鉴定生物碱——小檗碱与咖啡因

(1) 硅胶 G 薄板的制备。

操作同(一)中硅胶 G 薄板的制备。

(2) 点样。

样品为小檗碱、咖啡因及二者混合物，操作同(一)中点样。

(3) 展开。

以氯仿：甲醇＝9：1(体积比)为展开剂，操作同(一)中展开。

### 4. 显色

本实验用紫外灯④，在 254 nm 下照射，有荧光斑点，用铅笔画出斑点记号。

分别计算 $R_f$ 值。

---

① 点样时，使毛细管端口恰好接触薄层即可，切勿点样过重而使薄板破坏。

② 点样样品太少时，斑点不清楚，难以观察；但样品量太多(点样点直径太大)，往往出现斑点太大或拖尾现象，以致不容易分开。

③ 取出薄板后，立即在展开剂前沿画上记号。如不注意，等展开剂挥发后，就无法确定展开剂上升的高度。

④ 如无紫外灯，也可在碘蒸气缸内用碘蒸气显色(内装饱和氯化钾溶液使缸中有一定湿度，以增加显色的灵敏性)。

## 【思考题】

(1) 在一定操作条件下,为什么可用 $R_f$ 值来鉴定化合物?

(2) 展开剂液面若超过点样线,对薄层层析有何影响?

(郭荷民)

# 实验十三　气相色谱法

## 【实验目的】

(1) 了解气相色谱的基本结构，掌握气相色谱法的基本操作。

(2) 掌握微量进样器的进样技术。

(3) 掌握用气相色谱保留值进行定性分析以及用归一化法进行定量分析方法和特点。

## 【实验原理】

气相色谱方法是以气体作为流动相的一种色谱法，它是进行混合有机物分离分析的有力手段。气相色谱方法是利用试样中各组分在气相和固定液相间的分配系数不同将混合物分离或进行测定的仪器分析方法，特别适用于分析含量较少的气体和易挥发的液体。操作时使用气相色谱仪。被分析样品(气体样品或液体汽化后的蒸气)由流速保持一定的载气(流动相)带入色谱柱，当其在色谱柱中运行时，组分就在其中的两相间进行反复多次分配，由于固定相对各组分的吸附或溶解能力不同，因此各组分在色谱柱中的运行速度就不同，经过一定的柱长后，便被分离成一个个彼此分离的单一组分，并以先后次序从色谱柱中流出，进入检测器，转变成电信号，经放大后，由记录仪记录下来，在记录纸或电脑屏幕上得到一组色谱峰。然后根据样品组分的保留时间可以进行定性鉴定；根据色谱峰高或峰面积就可以定量测定样品中各组分的含量。定量分析方法包括归一化、内标法或外标法等。

利用色谱保留值进行定性：各种物质在一定的色谱条件下有各自确定的保留值，因此，保留值可作为一种定性指标。对于组分不太复杂且其中待测组分均已知的试样，这种方法简单易行。需用已知物进行对照，同一色谱条件下，保留时间相同者为同一物质。

利用峰高(峰面积)增大法进行定性:用纯物质进行核对。分析某混合物时,在合适的色谱条件下组分会出峰,再往混合物中加入纯物质A,在相同的色谱条件下,使其出峰,色谱图中有的组分的峰高(峰面积)会增加,则峰高(峰面积)增加的组分为A物质。

气相色谱归一化法定量:色谱定量分析是基于被测物质的量($m_i$)与其峰面积($A_i$)的正比关系。当试样中所有组分都能流出色谱柱,并在色谱图上显示完全分离的色谱峰时,可以使用归一化法定量。

其中组分 $i$ 的百分含量可由下式计算:

$$x_i = \frac{A_i f_i}{A_1 f_1 + A_2 f_2 + \cdots + A_n f_n} \times 100\%$$

式中 $A_i$ 为组分 $i$ 的峰面积,$f_i$ 为组分 $i$ 的定量校正因子。

## 【仪器材料】

FuLi 9790 GC色谱仪、检测器(氢火焰离子化检测器FID)、色谱柱(毛细管柱:30 m×250 μm×0.25 μm)、1 μL微量注射器、空气泵。

## 【试剂药品】

高纯 $H_2$(99.999%)、干燥空气、高纯 $N_2$ 气(99.999%)、石油醚、正己烷。

## 【实验步骤】

### 1. 开启仪器,设定实验操作条件温度

测定石油醚:柱温40 ℃;检测器150 ℃;辅助Ⅰ 120 ℃;

### 2. 点火

当色谱仪温度达到设定值后,氢火焰离子化检测器点火。

### 3. 开启色谱工作站

在电脑上打开色谱工作站软件,调节基线,然后再进入"样品采集"窗口。

### 4．进样并测定

待仪器的电路、气路系统达到平衡，工作站采样窗口显示的基线平直后即可进样。

（1）用微量注射器准确抽取 1.0 μL 石油醚样品，于进样口处迅速注射进样。注意不要将气泡抽入针筒。用色谱工作站采集记录色谱数据并记录谱图文件名。重复进样两次。

（2）用微量注射器准确抽取 1.0 μL 样品（含 0.5 μL 石油醚和 0.5 μL 正己烷），于进样口处迅速注射进样。用色谱工作站采集记录色谱数据并记录谱图文件名。重复进样两次。

### 5．数据处理和记录

进入色谱工作站的数据处理系统，找到保存文件并对色谱图进行处理，可找到各色谱峰的保留时间和峰面积，打印。

### 6．关机

按照拓展阅读中方法关机。

## 【数据处理与记录】

结果记录在表 13.1 中。

**表 13.1　实验结果**

| 色谱图 | 石油醚 | 石油醚＋正己烷 |
| --- | --- | --- |
| 待判断的组分保留时间 | | |
| 待判断的组分峰高 | | |
| 待判断的组分峰面积 | | |

根据打印出的色谱图，能否判断石油醚组分中是否含正己烷？能的话，哪个峰是正己烷的峰，为什么？

## 【思考题】

（1）能用于气相色谱分析的物质具有什么特点，其应用范围是什么？

(2) 氢火焰离子化检测器的特点?

(3) 气相色谱法对物质进行定性的依据是什么?

(4) 如何确定色谱图上各主要峰的归属?

## 【拓展阅读】

### 气相色谱仪的使用

气相色谱仪的操作步骤如下:

1. 开机步骤

(1) 打开 $N_2$ 气钢瓶,调节减压阀至压力输出在 0.3 MPa 左右。

(2) 打开 $H_2$ 气钢瓶,调节减压阀至压力输出在 0.2 MPa 左右。

(3) 打开空气泵电源。

(4) 打开气体净化器的开关(本仪器已开)。

(5) 打开仪器顶部的载气稳压阀,调节压力表到一定的压力(本仪器已调节好)。

(6) 打开气相色谱仪的电源和加热两个开关,待仪器自检通过以后再设定柱箱、检测器、辅助Ⅰ(毛细管注样器)的温度。

(7) 开氢气Ⅱ和空气来点火:① 点火时将氢气Ⅱ开到 0.15~0.2 MPa,空气开到 0.01 MPa,用电子点火抢对准第二路检测器离子头点火;② 点火成功后将空气调节到 0.03 MPa,将氢气Ⅱ调节到 0.1 MPa(此过程易使火焰熄灭,所以调节速度不易过快,调节好后应再次检查火焰)。

2. 关机步骤

(1) 将刚才所设定的工作温度都设为常温(柱箱、检测器、辅助 1 的温度都为 50 ℃)。

(2) 关闭氢气Ⅱ和空气稳压阀来灭火,再关闭氢气钢瓶和空气的总输出。

(3) 等柱箱、检测器、辅助 1 的温度都降为 100 ℃以下时,关闭氮气,最后关闭电源。

(陶 梅)

# 实验十四　高效液相色谱法

## 一、可乐、咖啡、茶叶中咖啡因的分析

### 【实验目的】

(1) 理解反相色谱的原理和应用。

(2) 掌握标准曲线定量法。

### 【实验原理】

咖啡因又称咖啡碱，属黄嘌呤衍生物，化学名称为1,3,7-三甲基黄嘌呤，可由茶叶或咖啡中提取而得。它能兴奋大脑皮层，使人精神兴奋。咖啡中咖啡因含量为1.2%～1.8%，茶叶中的含量为2.0%～5.0%。可乐饮料、APC(复方阿司匹林或复方乙酰水杨酸)药片中均含有咖啡因。其分子式为$C_8H_{10}O_2N_4$，结构式为：

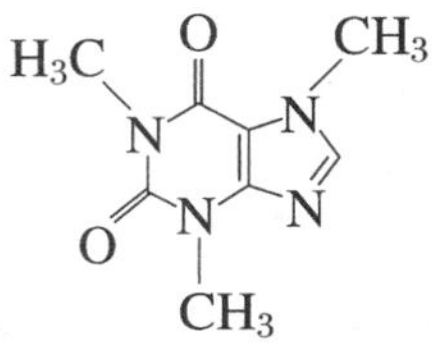

样品在碱性条件下，用氯仿定量提取①，采用Econosphere $C_{18}$反相色谱柱进行分离，以检测器进行检测，以咖啡因标准系列溶液的色谱峰面积对其浓度做工作曲

① 实际样品成分往往比较复杂，先萃取再进样，可保护色谱柱。

线，再根据样品中的咖啡因峰面积，由工作曲线计算出其浓度。

## 【仪器材料】

高效液相色谱仪、色谱柱（Econosphere $C_{18}$（3 μm）、10 cm×4.6 cm）、50 μL 平头微量注射器。

## 【试剂药品】

甲醇（色谱纯）、二次蒸馏水、氯仿（分析纯）、1 mol·$L^{-1}$ NaOH、NaCl（分析纯）、$Na_2SO_4$（分析纯）、咖啡因（分析纯）、可口可乐、咖啡、茶叶。

1 000 mg·$L^{-1}$咖啡因标准贮备溶液：将咖啡因在 110 ℃下烘干 1 h。准确称取 0.100 0 g 咖啡因，用氯仿溶解，定量转移至 100 mL 容量瓶中，用氯仿稀释至刻度。

## 【实验步骤】

### 1. 按操作说明书使色谱仪正常工作

色谱条件如下：

柱温：室温
流动相：甲醇∶水＝60∶40
流动相流量：1.0 mL·$min^{-1}$
检测波长：275 nm

### 2. 咖啡因标准系列溶液配制

分别用移液管移取 0.40 mL、0.60 mL、0.80 mL、1.00 mL、1.20 mL、1.40 mL 咖啡因标准贮备液于 6 只 10 mL 容量瓶中，用氯仿定容，浓度分别为：40 mg·$L^{-1}$、60 mg·$L^{-1}$、80 mg·$L^{-1}$、100 mg·$L^{-1}$、120 mg·$L^{-1}$、140 mg·$L^{-1}$。

### 3. 样品处理

（1）将约 100 mL 可口可乐置于一 250 mL 洁净、干燥的烧杯中，剧烈搅拌 30

min 或用超声波脱气 5 min，以赶尽可乐中的二氧化碳。

(2) 准确称取 0.25 g 咖啡①，用蒸馏水溶解，定量转移至 100 mL 容量瓶中，定容，摇匀。

(3) 准确称取 0.30 g 茶叶，用 30 mL 蒸馏水煮沸 10 min，冷却后，将上层清液转移至 100 mL 容量瓶中，并按此步骤再重复两次，最后用蒸馏水定容。

将上述三份样品溶液分别进行干过滤(即用干漏斗、干滤纸过滤)，弃去前过滤液，取后面的过滤液②。

分别吸取上述三份样品溶液 25.00 mL 于 125 mL 分液漏斗中，加入 1.0 mL 饱和 NaCl 溶液、1 mL 1 $mol \cdot L^{-1}$ NaOH 溶液，然后用 20 mL 氯仿分三次萃取(10 mL、5 mL、5 mL)。将氯仿提取液分离后经过装有无水 $Na_2SO_4$ 的小漏斗(在小漏斗的颈部放一团脱脂棉，上面铺一层无水 $Na_2SO_4$)脱水，过滤于 25 mL 容量瓶中，最后用少量氯仿多次洗涤无水 $Na_2SO_4$ 小漏斗，将洗涤液合并至容量瓶中，用氯仿定容。

### 4. 绘制工作曲线

待液相色谱仪基线平直后，分别注入咖啡因标准系列溶液 10 μL，重复一次，要求两次所得咖啡因色谱峰面积基本一致，否则，继续进样，直至两次色谱峰面积相同，记下峰面积和保留时间。

### 5. 样品测定③

分别注入样品溶液 10 μL，根据保留时间确定样品中咖啡因色谱峰的位置，再重复两次，记下咖啡因色谱峰面积。

### 6. 关闭仪器

实验结束后，按要求关好仪器。

## 【数据记录和处理】

(1) 根据咖啡因标准系列溶液的色谱图，绘制咖啡因峰面积与其浓度的关系

---

① 不同品牌的茶叶、咖啡中咖啡因含量不同，称取的样品量可根据实际情况增减。

② 若样品和标准溶液需保存，应置于冰箱中保存。

③ 为获得良好结果，标准和样品的进样量要严格保持一致。

曲线。

(2) 根据样品中咖啡因色谱峰面积，由工作曲线计算可口可乐、咖啡、茶叶中咖啡因含量。

## 【思考题】

(1) 咖啡因能用离子交换色谱法分析吗？为什么？

(2) 在样品干过滤时，为什么要弃去前过滤液？这样做会不会影响实验结果？为什么？

# 二、人血浆中扑热息痛含量的测定

## 【目的要求】

(1) 了解液相色谱仪的流程和仪器的基本组成部件。

(2) 了解从血浆中提取扑热息痛的方法。

(3) 掌握用保留值定性及用标准曲线法进行定量的方法。

## 【实验原理】

扑热息痛(对乙酰氨基酚)为一非甾体抗炎药，常用来治疗感冒和发热，健康的人在口服药物 15 min 以后，药物就已进入人的血液，1～2 h 内，在人血液中药浓度达到峰值。用高效液相色谱法测定人的血液中经时血药浓度，可以研究药物在人体内的代谢过程及不同厂家的药物在人体内吸收情况的差异。

本实验采用扑热息痛纯品来进行定性，找出在健康人体血浆中扑热息痛在图谱中的位置，然后以健康人血浆为本底作工作曲线，据此求出血浆中扑热息痛的含量。

## 【仪器材料】

高效液相色谱仪、色谱柱(Econosphere $C_{18}$(3 μm),10 cm×4.6 cm)、50 μL 平头微量注射器。

## 【试剂药品】

扑热息痛纯品(含量>99.9%)、三氯乙酸(分析纯)、乙腈(色谱纯)、甲醇(分析纯)。

## 【实验步骤】

(1) 按操作说明书启动色谱仪。

(2) 调节实验条件为下列值:

流动相:水∶乙腈=90∶10
流量:1 mL·$min^{-1}$
检测器工作波长:254 nm
检测器灵敏度:0.05AUFS
柱温:30 ℃

(3) 样品预处理。

取健康人体血浆 0.5 mL,置于 10 mL 离心管中,加扑热息痛标准品使其含量分别为:0.50 μg·$mL^{-1}$、1.00 μg·$mL^{-1}$、2.00 μg·$mL^{-1}$、5.00 μg·$mL^{-1}$和 10.00 μg·$mL^{-1}$,再加 20%三氯乙酸-甲醇溶液 0.25 mL,振荡约 1 min,离心 5 min。

(4) 取离心后的上清液 20 μL,注入色谱仪①,除空白血浆离心液外,每一浓度需进样 3 次。

(5) 取未知血样② 0.50 mL,分别按步骤(3)、(4)操作③。

① 用注射器吸取样品时不要抽入气泡。
② 手拿离心后的血样时,不要振荡试管。
③ 实验完毕后用蒸馏水清洗注射器,以防注射器生锈。

## 【数据记录和处理】

（1）由电脑处理数据得出回归方程。

（2）由回归方程算出未知血样中扑热息痛浓度。

## 【思考题】

（1）怎样计算本实验的回收率？

（2）为什么要做空白血样的分析？

（3）除了标准曲线法，还有什么定量方法？

（解永岩）

# 实验十五　原电池电动势的测定

## 【实验目的】

(1) 测定 Cu－Zn 电池的电动势和 Cu、Zn 电极的电极电势。

(2) 学会一些电极的制备和处理方法。

(3) 掌握电位差计的测量原理和正确使用方法。

## 【实验原理】

电池由正、负两极组成。电池在放电过程中，正极起还原反应，负极起氧化反应，电池内部还可能发生其他反应。电池反应是电池中所有反应的总和。

电池除可用来作为电源外，还可用它来研究构成此电池的化学反应的热力学性质。从化学热力学知道，在恒温、恒压、可逆条件下，电池反应有以下关系：

$$\Delta G = -nFE \qquad ①$$

式中 $\Delta G$ 是电池反应的吉布斯自由能增量；$n$ 为电极反应中得失电子的数目；$F$ 为法拉第常数(其数值约为 96 500 $C \cdot mol^{-1}$)；$E$ 为电池的电动势。所以测出该电池的电动势 $E$ 后，便可求出 $\Delta G$，进而又可求出其他热力学函数。但必须注意，首先要求电池反应本身是可逆的，即要求电池电极反应是可逆的，并且不存在任何不可逆的液接界。同时要求电池必须在可逆情况下工作，即放电和充电过程都必须在准平衡状态下进行，此时只允许有无限小的电流通过电池。因此，在用电化学方法研究化学反应的热力学性质时，所设计的电池应尽量避免出液接界，在精确度要求不高的测量中，出现液接界电势时，常用“盐桥”来消除或减小。

在进行电池电动势测量时，为了使电池反应在接近热力学可逆条件下进行，采用电位差计测量。原电池电动势主要是两个电极的电极电势的代数和，如能测定出两个电极的电势，就可计算得到由它们组成的电池的电动势。由①式可推导出电池的电动势以及电极电势的表达式，下面以铜－锌电池为例进行分析。

电池表示式为：

$$Zn \mid ZnSO_4(m_1) \parallel CuSO_2(m_2) \mid Cu$$

符号“|”代表固相（Zn 或 Cu）和液相（$ZnSO_4$或 $CuSO_4$）两相界面；“‖”代表连通两个液相的“盐桥”，$m_1$ 和 $m_2$ 分别为 $ZnSO_4$和 $CuSO_4$的质量摩尔浓度。当电池放电时，负极起氧化反应

$$Zn \longrightarrow Zn^{2+}(a(Zn^{2+})) + 2e^-$$

正极起还原反应

$$Cu^{2+}(a(Cu^{2+})) + 2e^- \longrightarrow Cu$$

电池总反应

$$Zn + Cu^{2+}(a(Cu^{2+})) \longrightarrow Zn^{2+}(a(Zn^{2+})) + Cu$$

电池反应的吉布斯自由能变化值为

$$\Delta G = \Delta G^{\ominus} + \frac{RT\ln a(Zn^{2+})a(Cu)}{a(Cu^{2+})a(Zn)} \qquad ②$$

式中，$\Delta G^{\ominus}$为标准态时自由能的变化值；$a$ 为物质的活度，纯固体物质的活度等于1，则有

$$a(Zn) = a(Cu) = 1 \qquad ③$$

在标准态时，$a(Zn^{2+}) = a(Cu^{2+}) = 1$，则有

$$\Delta G = \Delta G^{\ominus} = -nFE^{\ominus} \qquad ④$$

式中 $E^{\ominus}$为电池的标准电动势。由①～④式可解得

$$E = E^{\ominus} - \frac{RT}{n\mathrm{F}}\ln\frac{a(Zn^{2+})}{a(Cu^{2+})} \qquad ⑤$$

对于任一电池，其电动势等于两个电极电势之差值，其计算式为

$$E = \varphi^+(右，还原电势) - \varphi^-(左，还原电势) \qquad ⑥$$

对铜-锌电池而言，

$$\varphi^+ = \varphi^{\ominus}_{Cu^{2+}/Cu} - \frac{RT}{2F}\ln\frac{1}{a(Cu^{2+})} \qquad ⑦$$

$$\varphi^- = \varphi^{\ominus}_{Zn^{2+}/Zn} - \frac{RT}{2F}\ln\frac{1}{a(Zn^{2+})} \qquad ⑧$$

式中 $\varphi^{\ominus}_{Cu^{2+}/Cu}$和 $\varphi^{\ominus}_{Zn^{2+}/Zn}$是当 $a(Cu^{2+}) = a(Zn^{2+}) = 1$ 时，铜电板和锌电极的标准电极电势。

对于单个离子，其活度是无法测定的，但强电解质的活度与物质的平均质量摩尔浓度和平均活度系数之间有以下关系

$$a(Zn^{2+}) = \gamma_{\pm} m_1 \qquad ⑨$$

$$a(Cu^{2+}) = \gamma_{\pm} m_2 \quad ⑩$$

其中，$\gamma_{\pm}$是离子的平均离子活度系数。其数值大小与物质浓度、离子的种类、实验温度等因素有关。

在电化学中，电极电势的绝对值至今无法测定，在实际测量中是以某一电极的电极电势作为零标准，然后用其他电极（被研究电极）与它组成电池，测量其间的电动势，则该电动势即为该被测电极的电极电势，被测电极在电池中的正、负极性，可由它与标准电极两者的还原电势比较而确定。通常将氢电极在氢气压力为101 325 Pa、溶液中氢离子活度为1时的电极电势规定为0 V，称为标准氢电极，然后与其他被测电极进行比较。

由于使用标准氢电极不方便，在实际测定时往往采用第二级的标准电极，甘汞电极是其中最常用的一种。这些电极与标准氢电极比较而得到的电势已精确测出。

以上所讨论的电池是在电池总反应中发生了化学变化，因而被称为化学电池。还有一类电池叫作浓差电池，这种电池在净作用过程中，仅仅是一种物质从高浓度（或高压力）状态向低浓度（或低压力）状态转移，从而产生电动势，而这种电池的标准电动势$E^{\ominus}$等于0 V。

例如电池 $Cu|CuSO_4(0.010\,0\ mol\cdot L^{-1})\,\|\,CuSO_4(0.100\ mol\cdot L^{-1})|Cu$ 就是浓差电池的一种。

电池电动势的测量工作必须在电池可逆条件下进行，人们根据对消法原理（在外电路上加一个方向相反而电动势几乎相等的电池）设计了一种电位差计，以满足测量工作的要求。必须指出，电极电势的大小，不仅与电极种类、溶液浓度有关，而且与温度有关。本实验是在实验温度下测得的电极电势$\varphi_T$由⑦式和⑧式可计算$\varphi_T^{\ominus}$。为了方便起见，可采用下式求出298 K时的标准电极电势$\varphi_{298}^{\ominus}$，即

$$\varphi_T^{\ominus} = \varphi_{298}^{\ominus} + a(T-298) + \frac{1}{2}\beta(T-298)^2$$

式中$a$、$\beta$为电池电极的温度系数。对Cu－Zn电池来说：

铜电板（$Cu^{2+}$，Cu）

$$\alpha = -0.016\times10^{-3}\ V\cdot K^{-1},\quad \beta\approx 0$$

锌电极[$Zn^{2+}$，Zn(Hg)]

$$\alpha = 0.100\times10^{-3}\ V\cdot K^{-1},\quad \beta = 0.62\times10^{-6}\ V\cdot K^{-2}$$

## 【仪器材料】

UJ－25型电位差计，电镀装置一套，标准电池，针筒，检流计0～25(50)mA

表，干电池，镀铜溶液，饱和甘汞电极，电极管，铜，锌电极，电极架。

## 【试剂药品】

硫酸锌（分析纯）、硫酸铜（分析纯）、饱和硝酸亚铜（控制使用）、氯化钾（分析纯）。

## 【实验步骤】

### （一）电极制备

#### 1．锌电极

用稀硫酸浸洗锌电极以除去表面上的氧化层，取出后用水洗涤，再加蒸馏水淋洗，然后浸入饱和硝酸亚汞溶液中 3～5 s，取出后用滤纸擦拭锌电极，使锌电极表面上有一层均匀锌汞齐，再用蒸馏水淋洗（汞有毒，用过的滤纸应投入指定的有盖的广口瓶中，瓶中应有水淹没滤纸，不要随便乱丢），把处理好的锌电极插入清洁的电极管内并塞紧，将电极管的虹吸管管口插入盛有 0.100 0 $mol \cdot L^{-1}$ $ZnSO_4$ 溶液的小烧杯内，用针管或吸气球自支管抽气，将溶液吸入电极管至高出电极约 1 cm，停止抽气，旋紧活夹，电极的虹吸管内（包括管口），不可有气泡，也不能有漏液现象。

#### 2．铜电极

将铜电极在约 6 $mol \cdot L^{-1}$的硝酸溶液内浸洗，除去氧化层和杂物，然后取出用水冲洗，再用蒸馏水淋洗。将铜电极置于电镀烧杯中作阴极，另取一个经清洁处理的铜棒作阳极，进行电镀，电流密度控制在 20 $m \cdot cm^{-2}$为宜。其电镀装置如图 15.1 所示。电镀半小时，使铜电极表面有层均匀的新鲜铜，再取出。装配铜电极的方法与锌电极相同。

### （二）电池组成

将饱和 KCl 的溶液注入 50 mL 的小烧杯内，制盐桥，再将上面制备的锌电极

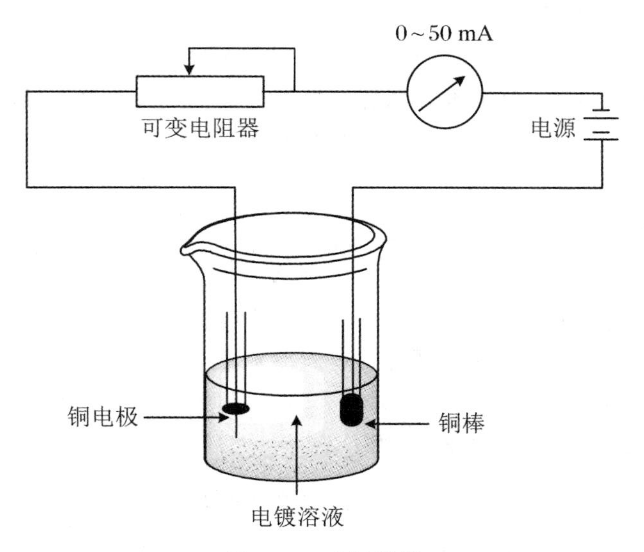


**图 15.1　电镀装置**

和铜电极置于小烧杯内，即成 Cu－Zn 电池：

$$Zn \mid ZnSO_4(0.1000\ mol \cdot kg^{-1}) \parallel CuSO_4(0.1000\ mol \cdot kg^{-1}) \mid Cu$$

电池装置如图 15.2 所示。

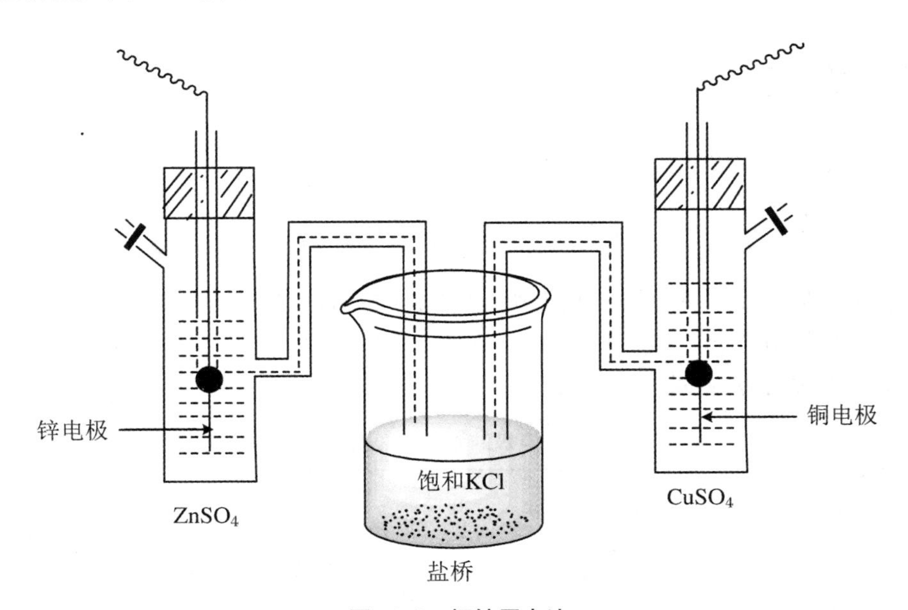


**图 15.2　铜锌原电池**

同法组成下列电池：

Cu | $CuSO_4$(0.010 0 mol·$kg^{-1}$) ‖ $CuSO_4$(0.100 0 mol·$kg^{-1}$) | Cu

Zn | $ZnSO_4$(0.100 0 mol·$kg^{-1}$) ‖ KCl(饱和) | $Hg_2Cl_2$ | Hg

$Hg_2$ | $Hg_2Cl_2$ | KCl(饱和) ‖ $CuSO_4$(0.100 0 mol·$kg^{-1}$) | Cu

## (三) 电动势测定

(1) 按照电位差计电路图,接好电动势测量线路。

(2) 根据标准电池的温度系数,计算实验温度下的标准电池电动势。以此对电位差计进行标定。

(3) 分别测定以上四个电池的电动势(表 15.1)。

**表 15.1 四个电池的电动势**

| 原电池 | 电动势 |
| --- | --- |
| Cu-甘汞电极 | |
| Zn-甘汞电极 | |
| Cu-Zn | |

## 【数据处理】

(1) 根据饱和甘汞电极的电极电势温变校正公式,计算实验温度时饱和甘汞电极的电极电势:

$$\varphi_{饱和甘汞}(V) = 0.241\,5 - 7.61 \times 10^{-4}(T/K - 298)$$

(2) 根据测定的各电池的电动势,分别计算铜、锌电极的 $\varphi_T$。

(3) 根据有关公式计算 Cu-Zn 电池的理论 $E_{理}$ 并与实验值 $E_{实}$ 进行比较。

(4) 有关文献数据如表 15.2 所示。

**表 15.2 Cu、Zn 电极的温度系数及标准电极电位**

| 电极 | 电极反应式 | $\alpha \times 10^3$ ($V \cdot K^{-1}$) | $\beta \times 10^6$ ($V \cdot K^{-2}$) | $\varphi_{298}$ (V) |
| --- | --- | --- | --- | --- |
| $Cu^{2+}$/Cu | $Cu^{2+} + 2e^- = Cu$ | −0.016 | − | 0.341 9 |
| $Zn^{2+}$/Zn(Hg) | (Hg) + $Zn^{2+} + 2e^-$ = Zn(Hg) | 0.100 | 0.62 | −0.762 7 |

## 【思考题】

(1) 在用电位差计测量电动势过程中，若检流计的光点总是向一个方向偏转，可能是什么原因？

(2) 用 Zn(Hg)与 Cu 组成电池时，有人认为锌表面有汞，因而铜应为负极，汞为正极。请分析此结论是否正确。

(3) 选择“盐桥”液应注意什么问题？

(赵祖志)

## 【拓展阅读】

### UT89X 数字万用表

数字万用表是利用模/数转换原理，将被测量转化为数字量，并将测量结果以数字形式显示出来的一种测量仪表。数字万用表具有精度高、速度快、输入阻抗大、数字显示、读数准确、抗干扰能力强、测量自动化程度高等优点，广泛用来测量交直流电压、电流、电阻、电容、电导、频率、占空比、二极管、三极管及电路通断等。

仪器的外观结构如图 15.3 所示。

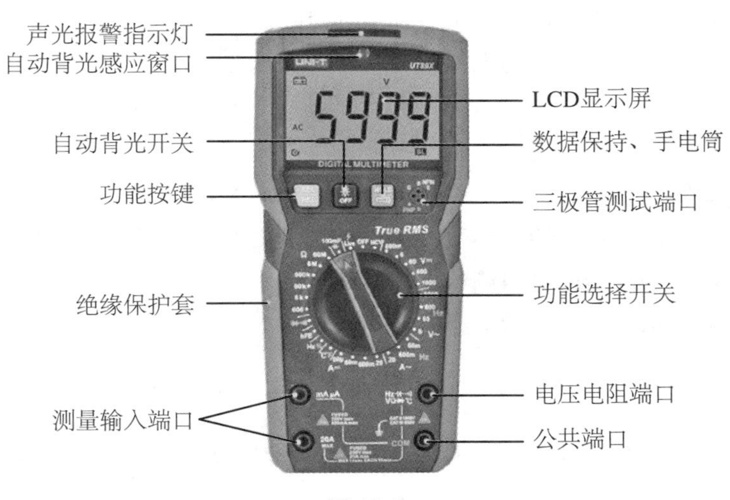


图 15.3

功能选择旋钮说明如表15.3所示。

**表15.3 旋钮说明**

| 符号 | 功能说明 | 符号 | 功能说明 |
|---|---|---|---|
| V~ | 交流电压测量 | Live | 接触式零火线测量 |
| V⎓ | 直流电压测量 | Hz% | 频率占空比测量 |
| →⊢ | 二极管测量 | ℃/℉ | 温度测量 |
| •))) | 电路通断测量 | NCV | 非接触电压测量 |
| ⊣⊢ | 电容测量 | LED | LED测试 |
| Ω | 电阻测量 | OFF | 机内电源关闭 |
| A~ | 交流电流测量 | A⎓ | 直流电流测量 |

仪器的使用方法介绍如下：

使用前先检查内置1.5×4节电池，仪器开机如果显示屏出现"🔋"符号，须更换电池后再使用。使用时务必注意被测电压或电流不要超出指示的数字，以确保测试安全。

### 1. 直流电压测量

(1) 旋钮转至V⎓(量程:600 mV/6 V/60 V/600 V/1 000 V)。

(2) 红色测试笔线连接到"V Ω"端口，黑色测试笔线连接到"COM"端口。

(3) 笔针接触正确的电路测试点，测量电压。

(4) 读取显示屏上测出的电压值。

### 2. 交流电压测量

(1) 旋钮转至V~(量程:6 V/60 V/600 V/1 000 V)。

(2) 红色测试笔线连接到"V Ω"端口，黑色测试笔线连接到"COM"端口。

(3) 笔针接触正确的电路测试点，测量电压。

(4) 读取显示屏上测出的电压值。

### 3. 电阻测量

(1) 旋钮转至Ω(量程:600 Ω/6 kΩ/60 kΩ/600 kΩ/6 mΩ/60 mΩ)，切断待测电路的电源。

(2) 红色测试笔线连接到"V Ω"端口，黑色测试笔线连接到"COM"端口。

（3）笔针接触正确的电路测试点，测量电阻。

（4）读取显示屏上测出的电阻值。

（5）如果被测电阻开路或阻值超过仪表最大量程，则显示屏显示“OL”。

（6）如果测量在线电阻，则测量前必须先将被测电路内所有电源关断，并将所有电容器放尽残余电荷后，再进行测量。

### 4. 电路通断测量

（1）旋钮转至→+•))，切断待测电路的电源。

（2）红色测试笔线连接到“V Ω”端口，黑色测试笔线连接到“COM”端口。

（3）笔针接触正确的电路测试点。

（4）如果被测两端之间电阻>30 Ω，认为电路断路，蜂鸣器无声，红色指示灯点亮；如果被测两端之间电阻≤30 Ω，认为电路良好导通，蜂鸣器连续声响，绿色指示灯点亮；如果显示“OL”表示电路开路。

### 5. 二极管测量

（1）旋钮转至→+•))。

（2）短按 SEL/REL 按键，激活二极管测试模式。

（3）红色测试笔线连接到“V Ω”端口，黑色测试笔线连接到“COM”端口。

（4）红色笔针接到二极管的阳极，黑色笔针接到阴极。

（5）读取显示屏上的正向偏压值。

（6）当读取值<0.12 V 时，红色指示灯点亮，蜂鸣器长鸣，表示二极管可能击穿损坏；当读取值在 0.12～2 V 时，绿色指示灯点亮，蜂鸣器发出“滴”的一声，表示二极管正常；当被测二极管开路或极性反接时，显示“OL”。

### 6. 电容测量

（1）旋钮转至 100 mF ⊣⊢，绿色指示灯点亮。

（2）红色测试笔线连接到“V Ω”端口，黑色测试笔线连接到“COM”端口。

（3）笔针接触电容器引脚。

（4）当测量数值比较大的电容器时，表笔接触电容后，黄色指示灯点亮，表示正对电容器充电测试中，充电结束绿色灯点亮，待读数稳定。

（5）读取显示屏上测出的电容值。

### 7. 交直流电流测量

测量电流时，务必先断开电路电源，并把电表串联至电路中，切勿把表笔测试针并联到任何电路中。

(1) 旋钮转至 A～(量程:60 mA/600 mA/20 A)或A⎓(量程:60 μA/60 mA/600 mA/20 A)。

(2) 根据要测量的电流，将红色表笔测试线连接至 mA μA 或 20 A 端口，黑色表笔接线至 COM 端口。

(3) 断开待测的电路，将测试导线衔接断口并使用电源。

(4) 读取显示屏上测出的电流。

### 8. 频率/占空比测量

(1) 旋钮转至 Hz%。

(2) 红色测试表笔线连接至“V Ω”端口，黑色测试表笔线连接至 COM 端口。

(3) 在显示屏上读取测出的频率测量值。

(4) 如要进行占空比测量，则短按 1 次 SEL/REL 健。

(5) 读取显示屏上测出的占空比百分数。

(6) 在测量交流电压或交流电流时，短按 SEL/REL 键切换至频率测量，可以测量信号频率。

### 9. 温度测量

(1) 旋钮转至℃℉。

(2) K 型热电偶插入 COM 端口中，确保将热电偶标记有“+”的插头插入到“V Ω”端口。

(3) 读取显示屏上测出的摄氏温度值。

(4) 短按 SEL/REL 健可以在℃与℉之间切换。

$$T_1(℉) = 1.8 \times T_2(℃) + 32$$

### 10. 三极管测量

(1) 旋钮转至 hFE，表笔不要接任何电路。

(2) 被测三极管的三个引脚插入到“三极管测量”端口。

(3) 读取显示屏数据为测量三极管的放大倍数，如果放大倍数>50 倍，绿色指示灯点亮，表示放大性良好；如果放大倍数≤50倍，黄色指示灯点亮，表示放大性差。

### 11. NCV非接触电压感应测量

（1）旋钮转至NCV，手握万用表壳体。

（2）NCV默认感应等级2（LCD显示“EFHI”）电压范围>220 V，将万用表的左上角位置紧靠被测量带电AC电源线。如果被测电源线电压在感应等级2内，黄色指示灯开始闪烁，同时蜂鸣器间歇发出“滴”声。根据感应电压的强弱，黄色指示灯闪烁的频率会有所不同（感应强闪烁快），蜂鸣器发声的间歇时间也不同（感应强间歇时间短），LCD根据感应强度从小到大分别以“-”“ – ” “—”“——”来表示；如果被测电源线电压>220 V时红色灯长亮；如果被测电源线电压<48 V时，需要短按SEL/REL键切换到感应等级1（LCD显示“EFLo”）。如果被测电源线电压在感应等级1内，绿色指示灯开始闪烁，同时蜂鸣器间歇发出“滴”声。

（3）再次短按SEL/REL键切换可返回到感应等级2（LCD显示“EFHI”）测量。

（4）感应位置与被测AC电源线的距离不同，感应的等级大小也会发生变化。

### 12. Live接触式零火线测量

（1）旋钮转至Live。

（2）红色测试表笔线连接至“V Ω”端口，其他三个测试端口不要接任何测试表笔和导体。

（3）红色测试表笔头插入被测AC电源的插座孔内。

（4）根据声光报警提示判断插座内的零线和火线，如果接触到的线为火线，红色指示灯闪烁，蜂鸣器发出“滴”声；如果是零线，红色指示灯和蜂鸣器器均无反应。

### 13. LED测量

（1）旋钮转至LED，此时绿色指示灯点亮。

（2）红色测试表笔线连接至“V Ω”端口，黑色测试表笔线连接至COM端口。

（3）红色测试表笔头接被测LED灯的阳极，黑色测试表笔接至被测LED灯的阴极。

（4）在显示屏上读取LED灯正向压值。

（5）当读取值<11.1 V时，绿色指示灯点亮，表示LED灯有正向压降，此时

LED 灯应点亮；当读取值＞11.1 V 时红色指示灯点亮，表示 LED 灯压降值超出测量范围。

### 14. 其他功能

在测量过程中，约 15 分钟内均无拨动功能量程开关时，蜂鸣器会连续发出 5 声警示，然后发 1 长声警示，仪表进入“自动关机”即睡眠状态，以节省电能。在睡眠状态下，点击任何功能按键，仪表将会“自动唤醒”开机，并伴随蜂鸣器蜂鸣一次。如需取消自动关机功能，则在关机状态同时按住 SEL/REL 键开机，即取消自动关机功能，并伴随 3 声蜂鸣警示。重新开机即可恢复自动关机功能。

（高志燕）

# 实验十六　蔗糖转化速率的测定

## 【实验目的】

(1) 测定蔗糖在酸存在下的水解速率常数。

(2) 了解旋光仪的基本原理，掌握旋光仪的正确操作技术。

## 【实验原理】

蔗糖水溶液在氢离子存在时将发生水解反应

$$C_{12}H_{22}O_{11} + H_2O \xrightarrow{[H^+]} C_6H_{12}O_6(\text{葡萄糖}) + C_6H_{12}O_6(\text{果糖})$$

当氢离子浓度一定，蔗糖溶液较稀时，蔗糖水解为假一级反应，其速率方程可写成

$$-\frac{d[C_{12}H_{22}O_{11}]}{dt} = k[C_{12}H_{22}O_{11}]$$

令 $C_0$ 为蔗糖开始的浓度，$C_t$ 为反应 $t$ min 后的蔗糖浓度，将上式积分可得到

$$\ln\frac{C_0}{C_t} = kt$$

只要用 $\ln C_t$ 对 $t$ 作图得到直线关系，就能证明蔗糖稀溶液的水解为一级反应，并可从直线的斜率求得常数 $k$。

蔗糖、葡萄糖和果糖都是旋光性物质，它们的旋光度分别为

$$[\alpha_{\text{蔗}}]_D^{20} = +66.412^\circ$$

$$[\alpha_{\text{葡}}]_D^{20} = +52.5^\circ$$

$$[\alpha_{\text{果}}]_D^{20} = -91.9^\circ$$

式中 $\alpha$ 表示在 20 ℃用钠黄光作光源测得的旋光度。正值表示右旋，负值表示左旋。由于蔗糖的水解是能进行到底的，即 $C_\infty = 0$，并且果糖的左旋性远大于葡萄

糖的右旋性，并且反应在同一光源、统一长度的旋光管中进行，因此

$$(C_0 - C_\infty) \propto (\alpha_0 - \alpha_\infty);\quad (C_t - C_\infty) \propto (\alpha_t - \alpha_\infty);\quad C_\infty = 0$$

则

$$\frac{C_0}{C_t} = \frac{(\alpha_0 - \alpha_\infty)}{(\alpha_t - \alpha_\infty)}$$

代入积分式即得

$$k = \frac{1}{t}\ln\frac{C_0}{C_t} = \frac{1}{t}\ln\frac{(\alpha_0 - \alpha_\infty)}{(\alpha_t - \alpha_\infty)}$$

式中，$\alpha_0 - \alpha_\infty$是常数，因而可用 $\ln(\alpha_t - \alpha_\infty)$对 $t$ 作图，从所得直线的斜率即可算出速率常数 $k$。

## 【仪器材料】

旋光仪 1 台、恒温水浴 1 套、停表 1 个、移液管 25 mL 2 根、锥形瓶 150 mL 3 个。

## 【试剂药品】

蔗糖(分析纯)、4 mol·L$^{-1}$ HCl 溶液。

## 【实验步骤】

(1) 将恒温槽与旋光管保温套相接，调节到所需的反应温度(可在 20 ℃、25 ℃、30 ℃、35 ℃中任选一温度)。称取约 10 g 蔗糖于锥形瓶内，并加蒸馏水 40 mL 使蔗糖溶解，配制 20%蔗糖溶液。若溶液浑浊，则需要过滤，将两个锥形瓶一起浸入恒温槽内恒温 5～10 min。

(2) 将恒温槽中 25 mL HCl 溶液迅速倾入 25 mL 蔗糖溶液中，立即按下停表，作为反应起点再将溶液倒回盛有 HCl 的瓶中摇匀。然后取出少许溶液淋洗旋光管 3～4 次，将溶液装入旋光管，盛满，盖好管盖(勿使管内有气泡)，擦净，立即放入旋光仪内，测量各时间的旋光度 $\alpha_t$。

(3) 测量时间分配大约如下：隔 5 min，再隔 5 min、10 min、10 min、20 min、20 min、30 min 各测量一次。

(4) 把锥形瓶内剩余的蔗糖溶液置于 50～60 ℃水浴内恒温 30 min；然后冷却

至实验温度，测其旋光度即 $\alpha_\infty$ 值，必须注意水浴温度不可过高，否则颜色变黄；同时在加热过程中还要避免溶液蒸发影响浓度，造成 $\alpha_\infty$ 值的偏差。

(5) 由于反应混合液的酸度很大，因此旋光管一定要擦净后才能放入旋光仪，以免管外黏附的反应液腐蚀旋光仪，实验结束后必须洗净旋光管。

## 【注意事项】

(1) 水浴温度一定要控制好。

(2) 反应液中 HCl 的浓度一定要准确。

(3) 旋光管中不能有气泡。

(4) $\alpha_\infty$ 一定要测量准确，必须用测 $\alpha_t$ 时所用的旋光管测 $\alpha_\infty$。

(5) 旋光管管盖只要旋至不漏水即可。过紧会造成旋钮损坏，或因玻片受力产生应力而致使有一定的假旋光。

(6) 实验结束时，应将旋光管洗净干燥，防止酸对旋光管的腐蚀。

## 【数据处理】

(1) 将时间、旋光度 $\alpha_t$、$(\alpha_t-\alpha_\infty)$ 及 $\ln(\alpha_t-\alpha_\infty)$ 列成表。

(2) 对 $t$ 作图，从图上判断反应的级数，并求出速率常数。

(3) 计算蔗糖转化的半衰期。

## 【思考题】

(1) 本实验是否一定需要校正旋光仪零点？

(2) 一级反应有哪些特点？为什么配置蔗糖溶液可以用普通天平称量？

(3) 测不准(偏高或偏低)对 $k$ 值有何影响？

(4) 试估计本实验的误差，怎样减少实验误差？

## 【结果讨论】

(1) 蔗糖水解作用通常进行得很慢，但加入酸后会加速反应，其速率的大小与 $H^+$ 浓度有关(当 $[H^+]$ 较低时，水解速率常数 $k$ 正比于 $[H^+]$，但在 $[H^+]$ 较高时，$k$

和[$H^+$]不成比例)。同一浓度的不同酸液(如 HCl、$HNO_3$、$H_2SO_4$、HAc、$ClCH_2COOH$ 等)因 $H^+$ 活度不同,其水解速率亦不一样。故由水解速率比可求出两酸液中 $H^+$ 的活度比,如果知道其中一个活度,则可以求得另一个活度。

温度与盐酸浓度对蔗糖水解速率常数的影响见表 16.1(蔗糖溶液的浓度均为 20%)。

表 16.1

| 盐酸浓度($mol \cdot L^{-1}$) | $k(298.2K)\times10^3$ | $k(298.2K)\times10^3$ | $k(298.2K)\times10^3$ |
|---|---|---|---|
| 0.050 2 | 0.416 9 | 1.738 | 6.231 |
| 0.251 2 | 2.255 | 9.355 | 36.86 |
| 0.413 7 | 4.043 | 17.00 | 60.62 |
| 0.900 0 | 11.16 | 46.76 | 148.8 |
| 1.214 | 17.455 | 75.97 | |

(2) 古根哈姆(Guggenheim)曾经推出了不需测定反应终了浓度(本实验中即 $\alpha_\infty$)就能够算出一级反应速率常数 $k$ 的方法。他的出发点是一级反应在时间 $t$ 与 $t+\Delta t$ 的反应物浓度 $C$ 及 $C'$ 可分别表示为

$$C = C_0 e^{-kt};\quad C' = C_0 e^{-k(t+\Delta t)}$$

$C_0$ 为起始浓度。由此得

$$\ln(C - C') = -\frac{kt}{2.303} + \ln[C_0(1 - e^{-k\Delta t})]$$

如能在一定的时间间隔 $\Delta t$ 测得一系列的数据,因为 $\Delta t$ 为定值,所以 $\ln(C - C')$ 对 $t$ 作图,即可由直线的斜率求出 $k$。

这个方法的困难之处在于必须使 $\Delta t$ 为一定值,而这通常不易直接求得,需要从 $C-t$ 图上求出,因而又多了一个计算步骤。

(杨　帆)

## 【拓展阅读】

### WZZ-2S 自动旋光仪

旋光仪是测定物质旋光度的仪器(图 16.1)。通过旋光度的测定,可以分析确定物质的浓度、含量及纯度等,广泛用于制糖、制药、石油、食品、化工等工业部门及

有关高等院校和科研单位。

旋光仪的操作步骤如下：

### 1．安放仪器

仪器应安放在正常的照明、室温 15～30 ℃和湿度≤85%条件下使用，避免经常接触腐蚀性气体，承放仪器的基座或工作台应牢固稳定，并基本水平。

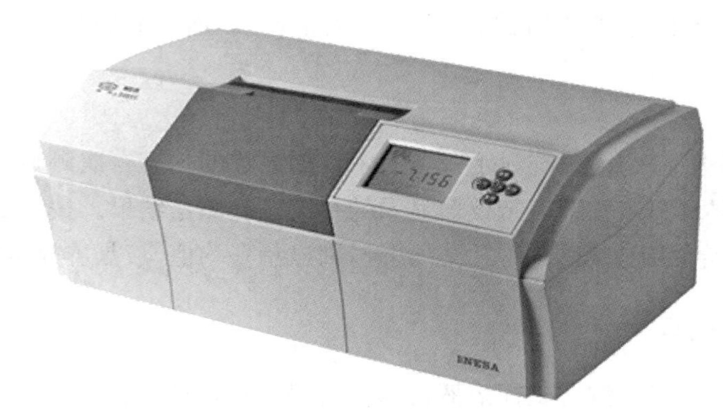


**图 16.1　旋光仪**

### 2．开机

（1）检查样品室内应无异物。

（2）将随机所附电源线一端插 220 V 50 Hz 电源，另一端插入仪器背后的电源插座。

（3）接通电源后，打开电源开关，等待钠灯发光稳定。

### 3．准备旋光管

准备旋光管备用。

### 4．清零

在已准备好的旋光管中注入蒸馏水或待测试样的溶剂，旋光管内不能有气泡，将旋光管外壁及两边镜片擦干净（用擦镜纸），放入仪器试样室的试样槽中，按下"清零"键，使显示为零。一般情况下，仪器在不放旋光管时示数为零，放入无旋光度溶剂后（例如蒸馏水）测数也为零，但如果在测试光束的通路上有小气泡或试管的护片上有油污、不洁物或旋光管护片旋得过紧而引起附加旋光数，则影响空白测数，在有空白测数存在时，必须检查上述因素或者用装有溶剂的空白旋光管放入试样槽后再清零。

5．测试

除去空白溶剂，旋光管内腔用少量被测试样冲洗3～5次，注入待测样品，旋光管内不能有气泡，将旋光管外壁及两边镜片擦干净，按相同的位置和方向放入仪器试样室的试样槽中，仪器的伺服系统动作，液晶屏显示所测的旋光度值。

6．复测

按“复测”键一次，液晶屏显示“2”，表示仪器显示的是第二次测量结果，再次按“复测”键，液晶屏显示“3”，表示仪器显示的是第三次测量结果。按“1 2 3”键，可切换显示各次测量的旋光度值。按“平均”键，则显示平均值，液晶屏显示“平均”。

7．温度校正

测试前或测试后，测定试样溶液的温度，将测得的结果进行温度校正计算。在$t$ ℃时旋光度$\alpha_{\lambda}^{t}$在20 ℃旋光度$[\alpha]_{\lambda}^{20℃}$和旋光温度系数$K$有如下关系：

$$\alpha_{\lambda}^{t} = [\alpha]_{\lambda}^{20℃} \cdot L \cdot C[1 + K(t - 20℃)]$$

8．测深色样品

被测样品透过率接近1%时，仪器的示数重复性将有所降低，系正常现象。

9．RS232接口

仪器可以用附带的连线同电脑连接(参数:波特率9600;数据位8位;停止位1位;字节总长18)。

10．糖度测试

仪器开机后的默认状态为测量旋光度，液晶屏显示“$\alpha$”。如需测量糖度，可按“$Z/\alpha$”键，液晶屏显示“$Z$”。若样品室中有旋光管，按“$Z/\alpha$”键，液晶屏显示“$Z$”，结果显示“0.000”，必须重新放入旋光管，所显示值才是该样品糖度。

11．测定浓度或含量

(1) 先将已知纯度的标准样品或参考样品按一定比例稀释成若干只不同浓度

的试样，分别测出其旋光度，然后以横轴为浓度，纵轴为旋光度，绘成旋光曲线。一般旋光曲线均按算术插值法制成查对表形成。

(2) 测定时，先测出样品的旋光度，根据旋光度从旋光曲线上查出该样品的浓度或含量。

(3) 旋光曲线须用同一台仪器，同一支旋光管来做。

## 12. 测定比旋度、纯度

先按药典规定的浓度配制好溶液，测出旋光度，再按照下列公式计算比旋度（$\alpha$）

$$(\alpha) = \frac{\alpha}{LC}$$

式中 $\alpha$ 为测得的旋光度，$C$ 为溶液的浓度（$g \cdot mL^{-1}$），$L$ 为溶液的长度即试管长度（dm）。

由测得的比旋度，可求得样品的纯度

$$纯度 = \frac{实际比旋度}{理论比旋度}$$

## 13. 测定国际糖分度

根据国际糖度标准，规定用 26 g 纯糖制成 100 mL 溶液，用 200 mm 试管，在 20 ℃下用钠光测定，其旋光度为 +34.626，其糖度为 100 糖分度。

（高志燕）

# 实验十七　电导法测定乙酸乙酯皂化反应的速率常数

## 【实验目的】

(1) 用电导法测定乙酸乙酯皂化反应速率常数，了解反应活化能的测定方法。

(2) 了解二级反应的特点，学会用图解计算法求取二级反应的速率常数。

(3) 掌握电导仪的使用方法。

## 【实验原理】

乙酸乙酯皂化是一个二级反应，其反应式为

$$CH_3COOC_2H_5 + OH^- \longrightarrow CH_3COO^- + C_2H_5OH$$

在反应过程中，各物质的浓度随时间而改变。某一时刻的 $OH^-$ 离子浓度，可以用标准酸进行滴定求得，也可以通过测量溶液的某些物理性质而求出。以电导仪测定溶液的电导值 $G$ 随时间的变化关系，可以监测反应的进程，进而可求算反应的速率常数。二级反应的速率与反应物的浓度有关。为了处理方便起见，在设计实验时将反应物 $CH_3COOC_2H_5$ 和 NaOH 采用相同的浓度 $c$ 作为起始浓度。当反应时间为 $t$ 时，反应所生成的 $CH_3COO^-$ 和 $C_2H_5OH$ 的浓度为 $x$，那么 $CH_3COOC_2H_5$ 和 NaOH 的浓度则为 $(c-x)$。设逆反应可以忽略，则应有

$$CH_3COOC_2H_5 + NaOH \longrightarrow CH_3COONa + C_2H_5OH$$

| | $CH_3COOC_2H_5$ | NaOH | $CH_3COONa$ | $C_2H_5OH$ |
|---|---|---|---|---|
| $t=0$ 时 | $c$ | $c$ | 0 | 0 |
| $t=t$ 时 | $c-x$ | $c-x$ | $x$ | $x$ |
| $t\to\infty$ 时 | $\to 0$ | $\to 0$ | $\to c$ | $\to c$ |

二级反应的速率方程可表示为

$$\frac{dx}{dt} = k(c-x)(c-x) \qquad ①$$

积分得

$$kt = \frac{x}{c(c-x)} \quad ②$$

显然，只要测出反应进程中 $t$ 时的 $x$ 值，再将 $c$ 代入，就可以算出反应速率常数 $k$ 值。

反应体系中，反应物 $CH_3COOC_2H_5$ 及产物 $C_2H_5OH$ 均为有机物，可看作对溶液的电导没有贡献。而反应物 NaOH 及产物为强电解质，在稀溶液中可全部电离。溶液中参与导电的离子有 $Na^+$、$OH^-$ 和 $CH_3COO^-$ 等，而 $Na^+$ 在反应前后浓度不变，$OH^-$ 的迁移率比 $CH_3COO^-$ 的迁移率大得多。随着反应时间的增加，$OH^-$ 不断减少，而 $CH_3COO^-$ 不断增加，所以体系的电导值不断下降。在一定范围内，可以认为体系电导值的减少量和 $CH_3COONa$ 的浓度 x 的增加量成正比，即

$$t = t \text{ 时}, \quad x = \beta(G_0 - G_t) \quad ③$$

$$t = \infty \text{ 时}, \quad c = \beta(G_0 - G_\infty) \quad ④$$

式中 $G_0$ 和 $G_t$ 分别为起始和 $t$ 时的电导值，$G_\infty$ 为反应终了时的电导值，$\beta$ 为比例常数。将③、④式代入②式，得

$$kt = \frac{\beta(G_0 - G_t)}{c\beta[(G_0 - G_\infty) - (G_0 - G_t)]} = \frac{G_0 - G_t}{c(G_t - G_\infty)} \quad ⑤$$

或写成

$$\frac{G_0 - G_t}{G_t - G_\infty} = ckt \quad ⑥$$

从直线方程式⑥可知，只要测定出 $G_0$、$G_\infty$ 以及一组 $G_t$ 值以后，利用 $\frac{G_0 - G_t}{G_t - G_\infty}$ 对 $t$ 作图，应得一直线，由斜率即可求得反应速率常数 $k$ 值，$k$ 的单位为 $L \cdot mol^{-1} \cdot min^{-1}$。

## 【仪器材料】

数字式电导仪 1 套、停表 1 只、恒温水浴 1 套、双管电导池 1 套、移液管(10 mL)2 支、碘量瓶(100 mL)1 只。

## 【试剂药品】

0.010 0 $mol \cdot L^{-1}$ NaOH 溶液、0.020 0 $mol \cdot L^{-1}$ NaOH 溶液、0.010 0 mol ·

$L^{-1}$ $CH_3COONa$ 溶液、0.020 0 mol · $L^{-1}$ $CH_3COOC_2H_5$溶液(以上溶液均需新鲜配制,配制注意事项见下文)。

## 【实验步骤】

(1) 启动恒温水浴,调至所需实验温度。

(2) 开启并调节电导仪备用。

(3) $G_0$ 和 $G_\infty$的测量。采用双管电导池,其装置如图 17.1 所示。先将铂黑电极取出,浸入电导水中。取下橡皮塞,将双管电导池洗净烘干,加入适量 0.010 0 mol · $L^{-1}$ NaOH 溶液(估计能浸没铂黑电极并超出 1 cm)。再将铂黑电极取出,用相同浓度的 NaOH 溶液淋洗电极(注意,不要碰到电极上的铂黑),然后按图 17.1 所示组装电导池,置于恒温水浴中,恒温约 10 min,并接上电导仪,按照电导仪的使用方法,测量其溶液的电导值,每隔 2 min 读一次数据,读取三次。再更换溶液,重复测量,如果两次测量在误差允许范围内,可取平均值作 $G_0$。

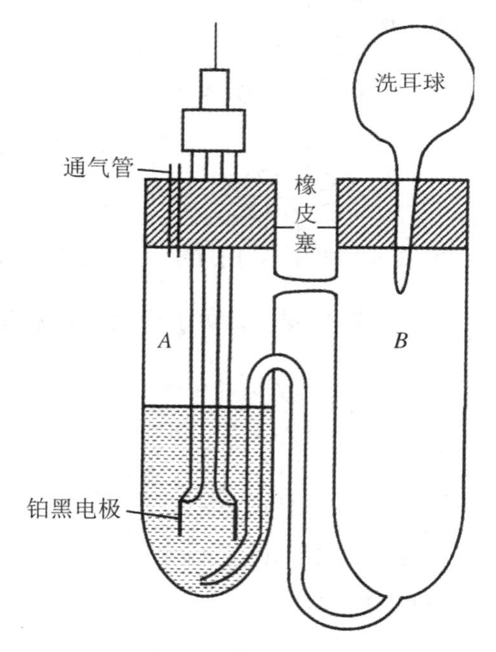


**图 17.1 双管电导池示意图**

实验测定中,不可能等到 $t \to \infty$,且反应也并不完全不可逆,故通常以 0.010 0 mol · $L^{-1}$ $CH_3COONa$ 溶液的电导值为 $G_\infty$,测量方法与 $G_0$ 相同。必须注意,每次更换电导池中的溶液时，都要先用电导水淋洗电极和电导池，接着再用被测溶液淋洗2～3次。

(4) $G_t$ 的测量。电导池和电极的处理方法同前，安装后置于恒温水浴中，然后用移液管吸取25 mL 0.020 0 mol・$L^{-1}$ NaOH注入A管中；用另一支移液管吸取25 mL 0.020 0 mol・$L^{-1}$ $CH_3COOC_2H_5$ 溶液注入 $B$ 管中，塞上橡皮塞，恒温10 min之后，用洗耳球通过 $B$ 管上口将 $CH_3COOC_2H_5$ 溶液压入 $A$ 管(注意不要用力过猛)，与NaOH溶液混合。当溶液压入一半时，开始记录反应时间。反复压几次，使溶液混合均匀，并立即开始测量其电导值，每隔2 min读一次数据，半小时后每隔5 min读一次数据，直至电导数值变化不大时(一般反应时间为45 min～1 h)，可停止测量。

反应结束后，倾去反应液，洗净电导池，重新测量 $G_\infty$。如果与反应前的电导值基本一致，可终止实验，并洗净电导池，将铂黑电极浸入电导水中。

(5) 反应活化能的测定。如果实验时间允许，可按上述操作步骤和计算方法测定另一温度下的反应速率常数 $k$ 值，用阿仑尼乌斯(Arrhenius)公式，计算反应活化能。

$$\ln\frac{k_2}{k_1}=\frac{E_a}{R}\left(\frac{T_2-T_1}{T_1T_2}\right)$$

式中 $k_1$、$k_2$ 分别为温度 $T_1$、$T_2$ 时测得的反应速率常数，$R$ 为气体常数，$E_a$ 为反应的活化能。

## 【数据处理】

(1) 根据测定数据，以 $\frac{G_0-G_t}{G_t-G_\infty}$ 对 $t$ 作图，并从直线斜率计算反应速率常数 $k$。

(2) 常用文献值如表17.1所示。

**表 17.1**

| $c(CH_3COOC_2H_5)$ (mol・$L^{-1}$) | $c(OH^-)$ (mol・$L^{-1}$) | | $k$ (L・$mol^{-1}$・$s^{-1}$) | $k$ (L・$mol^{-1}$・$min^{-1}$) | $E_a$ (kcal・$mol^{-1}$) |
|---|---|---|---|---|---|
| 0.01 | 0.02 | 0 | $8.65\times10^{-3}$ | 0.519 | 14.6 |
| | | 10 | $2.35\times10^{-2}$ | 1.41 | |
| | | 19 | $5.03\times10^{-2}$ | 3.02 | |
| 0.021 | 0.023 | 25 | | 6.85 | |
| $\ln k$(L・$mol^{-1}$・$min^{-1}$) $=-1\,780/T(K)+0.007\,54T(K)+4.53$ | | | | | |

## 【注意事项】

(1) 在 NaOH 的初始浓度 $a$ 略大于 $CH_3COOC_2H_5$ 初始浓度 $b$ 的情况下，可以推导出

$$\ln\frac{(G_t - B/m)}{(G_t - G_\infty)} = a_\infty kt + \ln\frac{(G_0 - B/m)}{(G_0 - G_\infty)} \quad ⑦$$

式中 $B$ 和 $m$ 分别与有关离子的摩尔电导率 $\lambda$，电导池常数 $K$ 以及 NaOH 的初始浓度 $a$ 有关：

$$\left.\begin{aligned} B &= K/(\lambda_{OH^-} - \lambda_{Ac^-}) \\ m &= a(\lambda_{Na^+} + \lambda_{Ac^-})/(\lambda_{OH^-} - \lambda_{Ac^-}) \end{aligned}\right\} \quad ⑧$$

$a_\infty$ 可根据反应终了时的 pH 求算：

$$\ln a_\infty = \text{pH} - 14 \quad ⑨$$

这样只要以 $\ln\frac{(G_t - B/m)}{(G_t - G_\infty)}$ 对 $t$ 作图，由斜率即可计算反应速率常数 $k$。还需指出，利用这个方法甚至无需精确测定反应体系中乙酸乙酯的浓度，也可计算出 $k$ 值。

(2) 本实验原理成立的前提条件是在假设两种反应物浓度相等的条件下推导出来的，因此必须保证 NaOH 和 $CH_3COOC_2H_5$ 的初始浓度相等，为此在配制溶液时应注意：

本实验需要用电导水，并避免接触空气及灰尘杂质落入。先配制一个浓度较大的 NaOH 溶液（如 0.5 mol·L$^{-1}$ 左右），用邻苯二甲酸氢钾准确标定其浓度，所用蒸馏水（最好用电导水）事先煮沸以除去溶于水中的 $CO_2$，同时在配好的 NaOH 溶液瓶上装配碱石灰吸收管等方法处理之。实验前稀释成 0.01 mol·L$^{-1}$ 或 0.02 mol·L$^{-1}$ 即可。

$CH_3COOC_2H_5$ 溶液和 NaOH 溶液浓度必须相同。$CH_3COOC_2H_5$ 溶液需临时配制，配制时动作要迅速，以减少挥发损失。配制 $CH_3COOC_2H_5$ 溶液时，可在容量瓶中先加入 2/3 体积的水，再用移液管吸取所需 $CH_3COOC_2H_5$ 的体积，加水至刻度摇匀。$CH_3COOC_2H_5$ 的密度按下式计算：

$$\rho(\text{g}\cdot\text{L}^{-1}) = 0.92454 - 1.168\times10^{-3}\times t(℃) - 1.95\times10^{-6}\times t(℃)$$

另外，由于 $CH_3COOC_2H_5$ 在水中也会发生缓慢水解，因此长期放置的溶液应废弃。

(3) 溶液的电导值大小，表明导电能力的强弱，其物理意义为电阻的倒数。实际上它与所用的电极面积 $S$ 和电极之间的距离 $l$ 有关：

$$G = \frac{1}{R} = \kappa \frac{S}{l} \tag{⑩}$$

式中 $\kappa$ 称为电导率，显然 $G$ 的单位为 $\Omega^{-1}$，即 S，称西[门子]，$\kappa$ 的单位为 $S \cdot m^{-1}$。

电导池所用的铂黑电极的表面积无法直接测定，故常用已知电导率的溶液（如 KCl 溶液）对电导池进行标定。

## 【思考题】

(1) 为何本实验要在恒温条件下进行，而且 $CH_3COOC_2H_5$ 和 NaOH 溶液在混合前还要预先恒温？

(2) 反应分子数与反应级数是两个完全不同的概念，反应级数只能通过实验来确定。试问如何从实验结果来验证乙酸乙酯皂化反应为二级反应？

(3) 乙酸乙酯皂化反应为吸热反应，试问在实验过程中如何处置这一影响而使实验得到较好结果？

(4) 如果 $CH_3COOC_2H_5$ 和 NaOH 溶液均为浓溶液，试问能否用此方法求得 $\kappa$ 值？为什么？

（刘　睿）

## 【拓展阅读】

### DDS－307A 型电导率仪

DDS－307A 型电导率仪是实验室测量水溶液电导率的仪器。广泛应用于石油化工、生物医药、污水处理、环境监测、矿山冶炼等行业及大专院校和科研单位。若配用适当常数的电导电极，可用于测量电子半导体、核能工业和电厂纯水或超纯水的电导率。

仪器结构如图 17.2 所示。

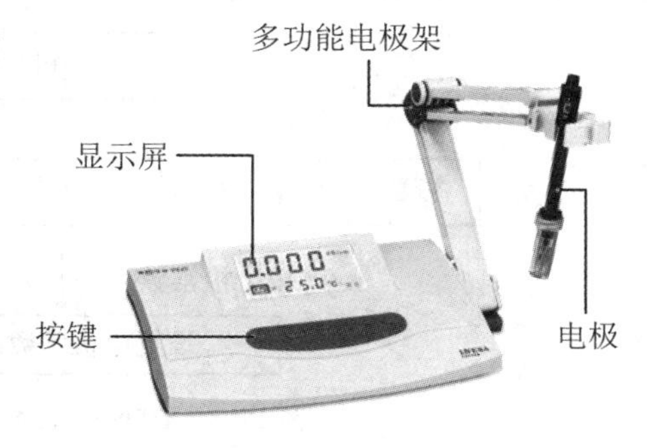


图 17.2　DDS－307A 型电导率仪

1. 仪器按键说明

(1)“电导率/TDS”键:此键为双功能键,在测量状态下,按一次进入“电导率”测量状态,再按一次进入“TDS”测量状态;在设置“温度”“电极常数”“常数调节”时,按此键退出功能模块,返回测量状态。

(2)“电极常数”键:此键为电极常数选择键,按此键上部“△”为调节电极常数上升;按此键下部“▽”为调节电极常数下降;电极常数的数值选择为 0.01、0.1、1、10。

(3)“常数调节”键:此键为常数调节选择键,按此键上部“△”为常数调节数值上升;按此键下部“▽”为常数调节数值下降。

(4)“温度”键:此键为温度选择键,按此键上部“△”为调节温度数值上升;按此键下部“▽”为调节温度数值下降。

(5)“确认”键:此键为确认键,按此键为确认上一步操作。

2. 仪器的使用

(1) 开机前的准备

① 将多功能电极架插入多功能电极架插孔中,并拧好。

② 将电导电极及温度电极安装在电极架上。

③ 用蒸馏水清洗电极。

(2) 开机

① 连接电源线,打开仪器开关,仪器进入测量状态,预热 30 min 后进行测量。

② 在测量状态下,按“电导率/TDS”键可以切换显示电导率以及 TDS;按“温度”键设置当前的温度值;按“电极常数”和“常数调节”键进行电极常数的设置,简要的操作流程如图 17.3 所示。

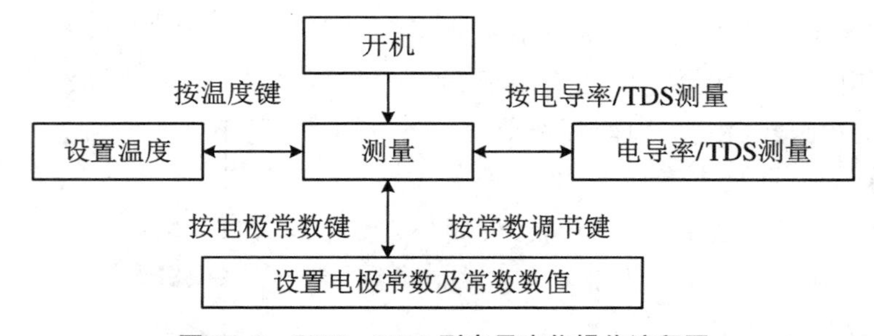


**图 17.3 DDS-307A 型电导率仪操作流程图**

注:如仪器使用温度传感器进行自动温度补偿,则不需进行温度设置。

(3) 温度设置

DDS－307A 型电导率仪一般不需要对温度进行设置,如果需要设置温度,应在不接温度电极的情况下,用温度计测出被测溶液的温度,然后按“温度△”或“温度▽”键,调节显示值,使温度显示为被测溶液的温度,按“确认”键,即完成当前温度的设置。

如果放弃设置,按“电导率/TDS”键,返回测量状态。

(4) 电极常数和常数数值的设置

仪器使用前必须进行电极常数的设置。目前电导电极的电极常数为 0.01、0.1、1.0、10 四种类型,每种类型电极具体的电极常数值均粘贴在每支电导电极上,根据电极上所标的电极常数值进行设置。按“电极常数”键或“常数调节”键,仪器进入电极常数设置状态,仪器显示如图 17.4 所示。

例如,电极常数为“1”的数值设置方法如下:

按“电极常数▽”或“电极常数△”,电极常数的显示在 10、1、0.1、0.01 之间转换,如果电导电极标贴的电极常数为“1.010”,先选择“1”并按“确认” 键;再按“常数数值▽”或“常数数值△”,使常数数值显示“1.010”,再按“确认” 键;此时完成电极常数及数值的设置(电极常数为上、下二组数值的乘积)。仪器显示如图 17.5 所示。

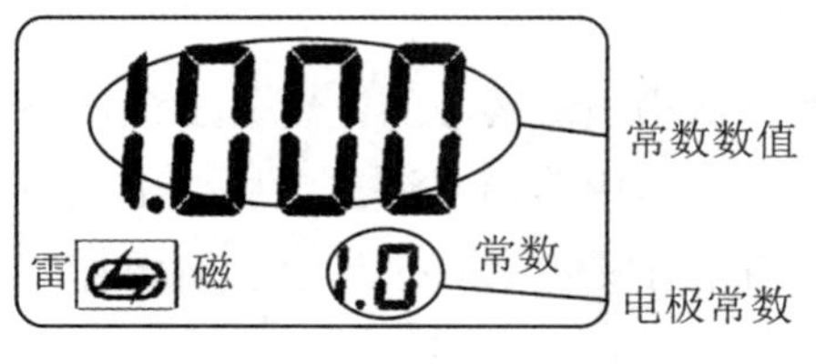


图 17.4

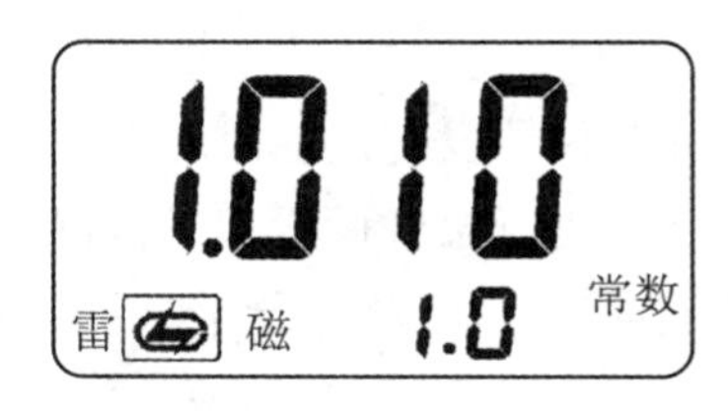


图 17.5

如果放弃设置,按“电导率/TDS”键,返回测量状态。

(5) 测量

电导率范围及对应电极常数推荐如表 17.2 所示。

**表 17.2　电导率范围与推荐使用电极常数**

| 电导率范围($\mu$S·cm$^{-1}$) | 推荐使用电极常数(cm$^{-1}$) |
| --- | --- |
| 0～2 | 0.01,0.1 |
| 2～200 | 0.1,1.0 |
| 200～2 000 | 1.0 |

续表

| 电导率范围($\mu S \cdot cm^{-1}$) | 推荐使用电极常数($cm^{-1}$) |
| --- | --- |
| 2 000～20 000 | 1.0,10 |
| 20 000～200 000 | 10 |

① 电导率的测量。

经过上述的设置,仪器可用来测量被测溶液,按“电导率/TDS”键,使仪器进入电导率测量状态。仪器显示如图 17.6 所示。

如果采用温度传感器,仪器接上电导电极、温度电极,用蒸馏水清洗电极头部,再用被测溶液清洗一次,将温度电极、电导电极浸入被测溶液中,用玻璃棒搅拌溶液使溶液均匀,在显示屏上读取溶液的电导率值。如溶液温度为 22.5 ℃,电导率值为 100.0 $\mu S \cdot cm^{-1}$,则仪器显示如图 17.7 所示。

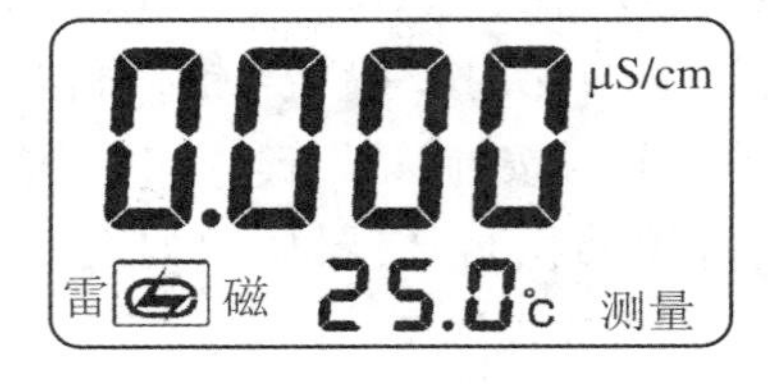


图 17.6

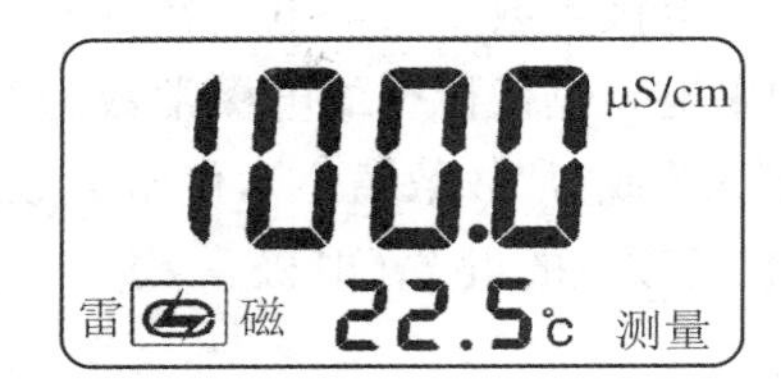


图 17.7

如果仪器没有接上温度电极,须用温度计测出被测溶液的温度,按“温度设置”操作步骤进行温度设置;然后,仪器接上电导电极,用蒸馏水清洗电极头部,再用被测溶液清洗一次,将电导电极浸入被测溶液中,用玻璃棒搅拌溶液使溶液均匀,在显示屏上读取溶液的电导率值。

② TDS 的测量。

经过上述的设置,仪器可用来测量被测溶液,按“电导率/TDS”键,使仪器进入 TDS 测量状态。仪器显示如图 17.8 所示。

如果采用温度传感器,仪器接上电导电极、温度电极,用蒸馏水清洗电极头部,再用被测溶液清洗一次,将温度电极、电导电极浸入被测溶液中,用玻璃棒搅拌溶液使溶液均匀,在显示屏上读取溶液的 TDS 值。例如:溶液温度为 22.5 ℃,TDS 值为 10.10 $mg \cdot L^{-1}$,则仪器显示如图 17.9 所示。

图 17.8

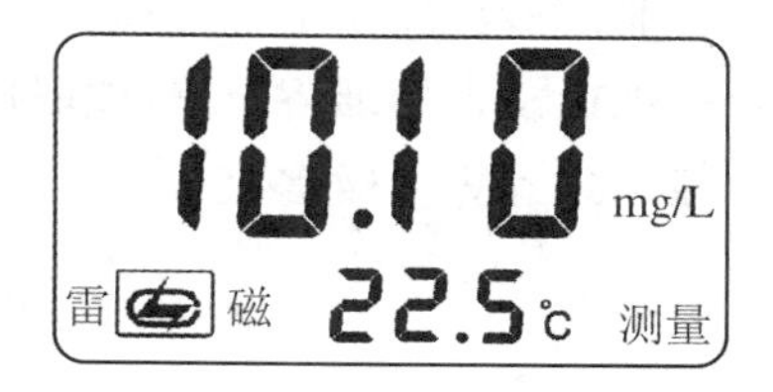


图 17.9

如果仪器没有接上温度电极，须用温度计测出被测溶液的温度，按“温度设置”操作步骤进行温度设置；然后，仪器接上电导电极，用蒸馏水清洗电极头部，再用被测溶液清洗一次，将电导电极浸入被测溶液中，用玻璃棒搅拌溶液使溶液均匀，在显示屏上读取溶液的 TDS 值。

### 3. 注意事项

(1) 电极(长期不使用)应贮存在干燥的地方。电极使用前必须放在蒸馏水中浸泡数小时，经常使用的电极应放(贮存)在蒸馏水中。

(2) 为确保测量精度，电极使用前应用$<0.5\ \mu S\cdot cm^{-1}$的去离子水(或蒸馏水)冲洗两次，再用被测试样冲洗后方可测量。

(3) 在测量高纯水时应避免污染，正确选择电导电极的常数并最好采用密封、流动的测量方式。

(4) 仪器的 TDS 按电导率 1∶2 比例显示测量结果。

(5) 为保证仪器的测量精度，必要时在仪器使用前，用该仪器对电极常数进行重新标定。同时应定期进行电导电极常数标定。

### 4. 电导常数标定

电导电极出厂时，每支电极都标有电极常数值。若怀疑电极常数不正确，可以按照以下步骤重新标定。

(1) 标准溶液标定

根据电极常数选择合适的标准溶液(表 17.3)、配制方法(表 17.4)，标准溶液与电导率值关系如表 17.5 所示。

① 将电导电极接入仪器，断开温度电极(仪器不接温度传感器)，仪器则以手动温度作为当前温度值，设置手动温度为 25.0 ℃，此时仪器所显示的电导率值是未经温度补偿的绝对电导率值。

② 用蒸馏水清洗电导电极，将电导电极浸入标准溶液中。

③ 控制溶液温度恒定为：(25.0±0.1) ℃。

④ 把电极浸入标准溶液中，读取仪器电导率值 $K_{测}$。

⑤ 按下式计算电极常数 $J$：

$$J = \frac{K}{K_{测}}$$

式中 $K$ 为溶液标准电导率，查表 17.5 可得。

(2) 标准电极法标定

① 选择一支已知常数的标准电极(设常数为 $J_{标}$)。

② 选择合适的标准溶液(表 17.3)、配制方法(表 17.4)，标准溶液与电导率值关系如表 17.5 所示。

**表 17.3 测定电极常数的 KCl 标准溶液**

| 电极常数($cm^{-1}$) | 0.01 | 0.1 | 1 | 10 |
|---|---|---|---|---|
| KCl 溶液近似浓度($mol \cdot L^{-1}$) | 0.001 | 0.01 | 0.01 或 0.1 | 0.1 或 1 |

**表 17.4 标准溶液的组成**

| 近似浓度($mol \cdot L^{-1}$) | 容量浓度 KCl($g \cdot L^{-1}$)溶液(20 ℃空气中) |
|---|---|
| 1 | 74.265 0 |
| 0.1 | 7.436 5 |
| 0.01 | 0.744 0 |
| 0.001 | 将 100 mL 0.01 $mol \cdot L^{-1}$的溶液稀释至 1 L |

**表 17.5 KCl 溶液近似浓度及其电导率值关系**

| 温度(℃) | 近似浓度($mol \cdot L^{-1}$) | | | |
|---|---|---|---|---|
| | 1 | 0.1 | 0.01 | 0.001 |
| | 电导率($S \cdot cm^{-1}$) | | | |
| 15 | 0.092 12 | 0.010 455 | 0.001 141 4 | 0.000 118 5 |
| 18 | 0.097 80 | 0.011 163 | 0.001 220 0 | 0.000 126 7 |
| 20 | 0.101 70 | 0.011 644 | 0.001 273 7 | 0.000 132 2 |
| 25 | 0.111 31 | 0.012 852 | 0.001 408 3 | 0.000 146 5 |
| 35 | 0.131 10 | 0.015 351 | 0.001 687 6 | 0.000 176 5 |

③ 把未知常数的电极(设常数为 $J_1$)与标准电极以同样的深度插入液体中(使

用前先清洗电极)，依次将电极接到电导率仪上，分别测出电导率 $K_1$ 及 $K_{标}$。

④ 按下式计算电极常数 $J_1$：

$$J_1 = J_{标} \times \frac{K_{标}}{K_1}$$

式中 $K_1$ 为未知常数的电极所测电导率值，$K$ 标为标准电极所测电导率值。

（高志燕）

# 实验十八　胶体的性质与胶体电泳速度的测定

## 【预习要求】

（1）了解胶体粒子表面电荷分布——扩散双电层理论。

（2）了解溶胶的动力学性质，聚沉作用。

## 【实验目的】

（1）用溶胶法制备 $Fe(OH)_3$溶胶。

（2）用电泳法测定 $Fe(OH)_3$溶胶的电泳速度及其 $\zeta$ 电位。

（3）观察溶胶的电泳现象并了解其电学性质。

## 【实验原理】

溶胶是一个多相体系，其分散相胶粒的大小为 1～100 nm。胶粒中固相表面所带的电荷可以由其本身的电离、选择性地吸附一定的离子以及其他原因所致，它紧密地附着在固相粒子的表面。与之符号相反的离子，则由于静电引力和热运动的结果分为两部分——紧密层和扩散层。紧密层的厚度约为一个分子的大小，吸附在胶核上面；扩散层的厚度随外界条件（温度、体系中电解质浓度、价数等）而改变，其中的反离子符合玻尔兹曼分布。胶粒紧密层的外界面与本体溶液间的电位差称为 $\zeta$ 电位。在没有外加电场下，紧密层和扩散层就在其界面上错开，且向两个不同的电极移动，这一带着紧密层的分散相质点在分散介质中的移动称为电泳。其移动速度的大小除与外加电场的强度有关外，还与 $\zeta$ 电位的大小有关。所以在一定的外加电场下，通过测定电泳速度就可以计算 $\zeta$ 电位。

测定 ζ 电位的方法有多种，如电泳、电渗、流动电位及沉降电位，使用最多的为电泳法。

本实验采用简易电泳仪测定 $Fe(OH)_3$ 溶胶的电泳速度（图 18.1））。在 U 形管底部盛入待测的溶胶液，其上面盛辅助液（本实验采用 NaCl）。在电泳仪两极之间接上电压 $V$(V)，在时间 $t$(s)内溶胶界面移动的距离 $h$(cm)，胶体的电泳速度 $v$ ($cm \cdot s^{-1}$)为

$$v = \frac{h}{t} \tag{1}$$

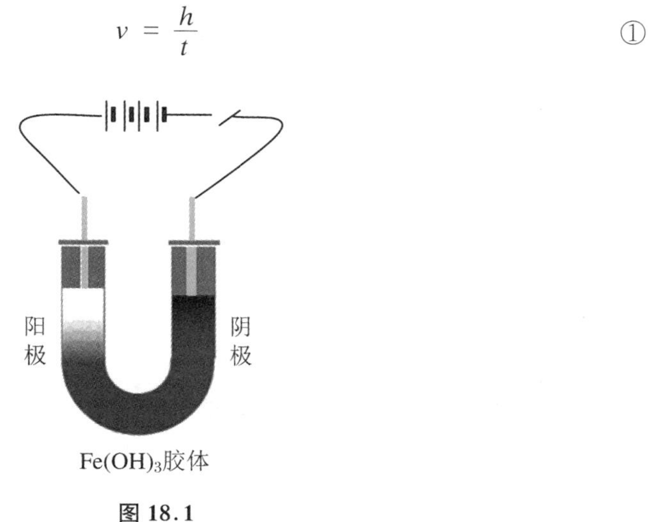


**图 18.1**

如果辅助液的电导 $G_s$ 与溶胶的电导相近，两极间的距离 $l$(cm)，则外加电场强度为

$$E = \frac{V}{l} \tag{2}$$

根据 Helmabaltz 公式求 $\zeta_{电位}$。

$$\zeta_{电位} = \frac{4\pi\eta}{\varepsilon \cdot E} \cdot v \cdot 300^2 (\mathrm{V}) \tag{3}$$

式中，$\varepsilon$ 为液体介电常数，对水而言，$\varepsilon = 81$；$\eta$ 为水的黏度（$Pa \cdot s$），水在不同温度下的黏度见表 18.1。

溶胶式热力学不稳定体系，只要有足够的时间，最终都要沉降，即聚沉作用。向胶体体系中加入足够量的电解质后，进入紧密层中与胶粒表面相反的离子（即反离子增加，使扩散层中的反离子减少，扩散层厚度变薄，ζ 电位下降，能引起溶胶的聚沉）。发生溶胶聚沉作用的主要原因是外加电解质中的反离子，反离子的价数越大，聚沉能力越强。向溶胶中加入一定量的高分子溶液，能在胶粒周围形成一层高

分子保护膜，能显著提高溶胶的稳定性，使溶胶在加入少量的电解质时不会聚沉，这就是高分子溶液对溶胶的保护作用。

溶胶的制备方法很多，有凝聚法和分散法。凝聚法包括化学凝聚法和物理凝聚法，分散法包括研磨法、胶溶法、超声波分散法。其中溶胶法时在新制备的沉淀中加入与沉淀具有相同例子的电解质，进行搅拌，制备溶胶，所加入的电解质溶液叫作分散剂或稳定剂。例如制备 $Fe(OH)_3$溶胶时，在 $FeCl_3$ 中加入 $NH_4OH$ 制备 $Fe(OH)_3$沉淀，在洗涤后的新鲜沉淀中加入 $FeCl_3$ 作为分散剂，加热搅拌，即得 $Fe(OH)_3$溶胶。反应式如下：

$$FeCl_3 + 3NH_4OH = Fe(OH)_3\downarrow + 3NH_4Cl$$

$$2Fe(OH)_3 + FeCl_3 = 3FeOCl\text{（铁酰氯）} + 3H_2O$$

$$n FeOCl = n FeO^+ + n Cl^-$$

$$[Fe(OH)_3]_m + n FeO^+ + n Cl = \{[Fe(OH)_3]_m n FeO^+ (n - x) Cl^-\} x Cl^-$$

## 【仪器材料】

晶体管稳压器 1 台，电泳仪（附铂电极）1 套，电导仪 1 台，烧杯 250 mL、50 mL 各 1 只，移液管 5 mL、2 mL、1 mL 各 1 支，玻璃漏斗 1 个，停表 1 个，小试管 5 支，滴管数根。

## 【试剂药品】

10% $FeCl_3$、10% $NH_4OH$、15% NaCl、2 $mol \cdot L^{-1}$ NaCl。

## 【实验步骤】

### 1. 溶胶法制备 $Fe(OH)_3$溶胶

在 250 mL 烧杯中加入 20 mL 10% $FeCl_3$ 溶液，加 80 mL 水稀释。用滴管加入 10% $NH_4OH$，直至不产生新沉淀为止（若看不清，可吸上层清液置于表面皿上试验），再过量加入 $NH_4OH$ 数滴，抽滤，并用蒸馏水洗涤沉淀 4 次。然后将沉淀转移至 250 mL 烧杯中，加入 $H_2O$ 100 mL，再加入 10% $FeCl_3$ 5 mL，加热至微沸，同时搅拌，至沉淀完全消失，即 $Fe(OH)_3$ 溶胶。

2．珂珞酊袋的制备

将约 20 mL 棉胶液倒入干净的 250 mL 锥形瓶内，小心转动锥形瓶使瓶内壁均匀铺展一层液膜，倾出多余的棉胶液，将锥形瓶倒置于铁圈上，待溶剂挥发完(此时胶膜已不沾手)，用蒸馏水注入胶膜与瓶壁之间，使胶膜与瓶壁分离，将其从瓶中取出，然后注入蒸馏水检查胶袋是否有漏洞，如无，则浸入蒸馏水中待用。

3．溶胶的纯化

将冷却至 50 ℃的 $Fe(OH)_3$ 溶胶转移至珂珞酊袋，用约 50 ℃的蒸馏水渗析，约 10 min 换水 1 次，渗析 7 次。

将渗析好的 $Fe(OH)_3$ 溶胶冷却至室温，测其电导率。

4．配制辅助液

将 $Fe(OH)_3$ 溶胶冷却至室温，用电导仪测定其电导。另取 25 mL 0.15% NaCl 加入 50 mL 烧杯中，测其电导，若电导和溶胶不一致，用水或 NaCl 调解，使此液的电导正好等于溶胶的电导。

5．测定电泳速度

将 $Fe(OH)_3$溶胶从电泳管中间缓缓注入电泳管，使其上升适当的高度(4～5 cm)，然后用滴管沿管壁逐滴加入配制好的辅助液，两管交替加入，保持溶胶和辅助液界面清晰，加入约 10 cm 高度。轻轻将铂电极插入辅助液层中，小心不要搅动液面，并且注意铂电极面放平勿斜，同时保持两极浸入液面下的深度大致相等，记下交界面高度。将导线接上铂电极，按下开关，同时计时，20 min 后关断电源，记录胶体液面上升和下降距离，记下电压的读数，量取电极间的导电距离。

## 【数据处理】

计算胶体电泳速度及 $\zeta$ 电位。

## 【注意事项】

(1) 加 $NH_4OH$ 时不要搅拌，同时 $NH_4OH$ 必须过量。

(2) 过滤时滤纸不要叠成菊花型,否则不易洗净沉淀。

(3) 器皿需要清洁。

## 【思考题】

(1) 在电泳测定中如不用辅助液体,而把电极直接插入溶胶中会发生什么现象?

(2) 为什么在新生成的 $Fe(OH)_3$沉淀中加入一定量的 $FeCl_3$后,沉淀会消失?写出反应式和胶团结构式。

(3) 在电泳实验时能明显地见到胶粒向阴极(或阳极)移动,但难以觉察与胶粒带相反电荷的离子的移动,是否胶体溶液的电解与电解质溶液的电解性质不同?

## 【结果讨论】

(1) $Fe(OH)_3$溶胶也可用化学凝聚法制备。方法是直接用 $FeCl_3$在沸水中水解。水解制备的溶胶,需经过长时间的渗析,才能应用于测定 $\zeta$ 电位。而本实验使用的溶胶法,优点是速度快,溶胶稳定;缺点是如果条件控制不当,有时会导致颗粒过大。

(2) 本实验所采用的是简易电泳仪,操作时要特别小心,不能搅乱溶胶和辅助液分界面,对于分界面不清楚或没有颜色的溶胶,使用时应特别注意,最好改用其他的电泳仪。

(3) 辅助液的电导要与溶胶相等或相近,同时辅助液的离子组成对胶体的电泳速度有影响。如果辅助液选择不当,则 U 型管内溶胶与辅助液的界面在一臂中下降的速度不等于另一臂中上升的速度,界面就会被冲毁而变得不明显。最好的辅助液是该胶体溶液的超滤液。本实验中用的就是电导和溶胶相同的 NaCl 溶液作辅助液,能够得到清晰的移动界面。

## 【拓展阅读】

### 水的黏度

水的黏度如表 18.1 所示。

**表 18.1　水的黏度(单位：$\times 10^3$ Pa·s)**

| 温度(℃) | 0 | 1 | 2 | 3 | 4 | 5 | 6 | 7 | 8 | 9 |
|---|---|---|---|---|---|---|---|---|---|---|
| 0 | 1.781 | 1.728 | 1.671 | 1.618 | 1.567 | 1.519 | 1.472 | 1.428 | 1.386 | 1.346 |
| 10 | 1.307 | 1.271 | 1.235 | 1.202 | 1.169 | 1.139 | 1.109 | 1.081 | 1.053 | 1.027 |
| 20 | 1.002 | 0.997 9 | 0.954 8 | 0.932 5 | 0.911 1 | 0.890 4 | 0.870 5 | 0.851 3 | 0.832 7 | 0.814 8 |
| 30 | 0.797 5 | 0.780 8 | 0.764 7 | 0.749 1 | 0.734 0 | 0.719 4 | 0.705 2 | 0.691 5 | 0.678 3 | 0.665 4 |
| 40 | 0.652 9 | 0.640 8 | 0.629 1 | 0.617 8 | 0.606 7 | 0.596 0 | 0.585 6 | 0.575 5 | 0.565 6 | 0.556 1 |

（洪　石）

# 实验十九　黏度法测定水溶性高聚物相对分子质量

## 【实验目的】

（1）测定多糖聚合物——右旋糖苷的平均相对分子质量。

（2）掌握用乌贝路德黏度计测定黏度的原理和方法。

## 【实验原理】

右旋糖苷胶体溶液具有扩充血容量、维持血压的功效，右旋糖苷在人体内水解后会迅速代谢成葡萄糖，可作为血浆代用品，供出血及外伤休克时急救用。本实验用黏度法测定右旋糖苷的相对分子质量。

黏度是指液体对流动所表现的阻力，是液体流动时的内摩擦力大小的度量。这种内摩擦力包括溶剂分子之间、溶剂与溶质分子之间以及溶质分子之间的相互作用力，三者之和表现为溶液的黏度，用 $\eta$ 表示，单位为 Pa · s 或泊，其中 1 Pa · s ＝10 P。

溶液的黏度(viscosity)与溶质分子的大小和性质、温度、溶剂的种类、溶液浓度等因素有关。在温度、溶剂确定后，溶液的黏度只与溶质的性质、分子量、和溶液的浓度有关。

高聚物在稀溶液中的黏度（$\eta$）总是比纯溶剂的黏度（$\eta_0$）高，增高的部分可用下述四种黏度表示：

（1）相对黏度 $\eta_r$，即溶液的黏度与纯溶剂的黏度的比值。

$$\eta_r = \frac{\eta}{\eta_0} \quad ①$$

（2）增比黏度 $\eta_{sp}$，即溶液黏度与纯溶剂黏度增加的相对值。

$$\eta_{sp} = \frac{\eta - \eta_0}{\eta_0} = \eta_r - 1 \quad ②$$

增比黏度随溶液浓度 $c$ 的增加而增加。为了比较单位浓度对黏度的贡献，又定义了比浓黏度。

(3) 比浓黏度 $\eta_c$，即单位浓度下的增比黏度。

$$\eta_c = \frac{\eta_{sp}}{c} \quad ③$$

以上三种黏度 $\eta_r$、$\eta_{sp}$、$\eta_c$，都与浓度有关，其中 $\eta_{sp}$、$\eta_c$ 扣除了溶剂分子之间的内摩擦，但还存在溶剂与溶质分子之间以及溶质分子之间的内摩擦，只有在无限稀释的溶液中，每个高聚物分子彼此相隔极远，其相互干扰即溶质分子之间的内摩擦才可以忽略不计，这时溶液所呈现出的黏度行为基本上反映了高分子与溶剂分子之间的内摩擦。这一黏度的极限值记为特性黏度。

(4) 特性黏度$[\eta]$，即无限稀释溶液中的比浓黏度。

$$[\eta] = \lim_{c\to 0}\frac{\eta_{sp}}{c} = \lim_{c\to 0}\frac{\ln\eta_r}{c} \quad ④$$

(上式的第二个等式利用了泰勒展开。)

特性黏度$[\eta]$表示单个大分子对溶液黏度的贡献，与浓度无关，只与温度、溶剂、溶质的状态、分子量有关，是四种黏度中最能反映溶质分子本性的物理量。

特性黏度$[\eta]$与纯溶剂的黏度 $\eta_0$ 不一样，溶剂分子之间的内摩擦是纯溶剂的黏度 $\eta_0$，而特性黏度是溶液无限稀释时的比浓黏度，是高分子与溶剂之间的内摩擦所导致。高聚物分子量愈大，它与溶剂接触表面也愈大，高分子与溶剂之间的内摩擦愈大，特性黏度$[\eta]$ 也愈大。据此可以从特性黏度来测定高聚物分子量。用黏度法测定的平均分子量称为黏均摩尔质量。

Huggins 和 Kraemer 根据实验得到了稀溶液中线型大分子的增比黏度、相对黏度与浓度的关系式：

$$\frac{\eta_{sp}}{c} = [\eta] + k_1[\eta]^2 c \quad ⑤$$

$$\frac{\ln\eta_r}{c} = [\eta] - k_2[\eta]^2 c \quad ⑥$$

式中 $k_1$，$k_2$为比例系数。当 $c\to 0$ 时，两式的极限值均为$[\eta]$。在不同浓度下测定大分子溶液黏度，以 $\eta_{sp}/c$ 和 $\ln\eta_r/c$ 为纵坐标，$c$ 为横坐标作图，用外推法求得$[\eta]$值。通常采用双线法求外推值，两直线的截距应相同，均为$[\eta]$(图 19.1)。

在一定温度下，大分子溶液平均摩尔质量与其特性黏度之间的关系为

$$[\eta] = K\overline{M}^{\alpha} \quad ⑦$$

式中 $\overline{M}$ 为大分子化合物的平均摩尔质量，$K$ 与温度、溶剂性质有关，$\alpha$ 是与分子形状有关的经验常数，具体数值可以在有关手册中查到。本实验温度 25 ℃时，右旋糖苷水溶液的参数 $K=9.22\times10^{-2}\ \mathrm{mL\cdot g^{-1}}$，$\alpha=0.5$。

本实验测定液体黏度的方法是利用毛细管黏度计(三只管的又称为乌氏黏度计)测定液体在毛细管里的流出时间；某液体流经一定长度和半径的毛细管时，黏度越大，内摩擦力越大，流出速度越慢，所需时间越长，对于稀溶液而言，流出时间与黏度呈正比，通过测定溶液和溶剂的流出时间 $t$ 和 $t_0$，就可求算 $\eta_r$。

$$\eta_r=\frac{\eta}{\eta_0}=\frac{t}{t_0} \qquad ⑧$$

利用①②式可计算得到 $\eta_r$、$\eta_{sp}$，进而可确定 $\eta_{sp}/c$ 和 $\ln\eta_r/c$ 值。配制一系列不同浓度的溶液分别进行测定，以 $\eta_{sp}/c$ 和 $\ln\eta_r/c$ 为纵坐标，$c$ 为横坐标作图，得两条直线，分别外推到 $c=0$ 处，其截距即为 $[\eta]$，代入⑦式($K$、$a$ 已知)，即可得到 $\overline{M}$。

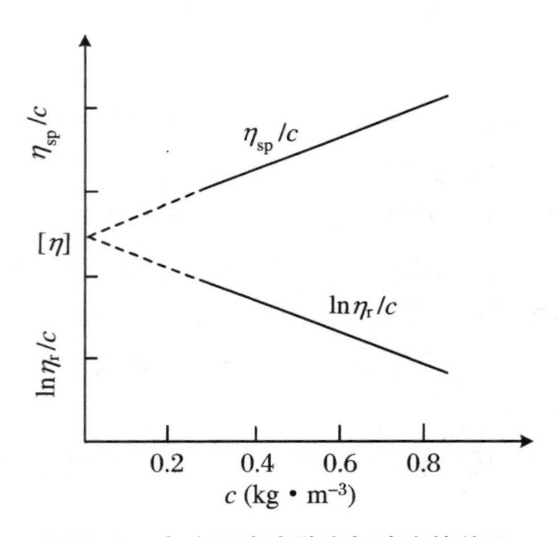


图 19.1 大分子溶液黏度与浓度的关系

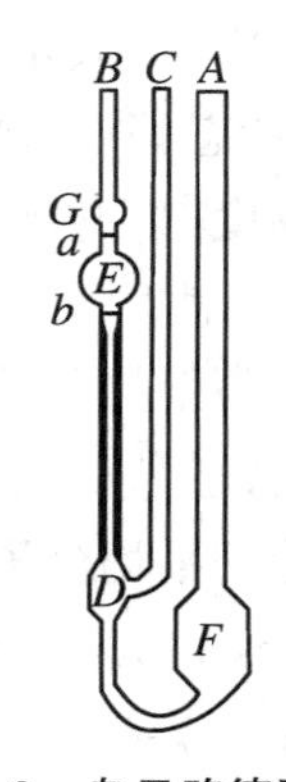


图 19.2 乌贝路德黏度计

## 【仪器材料】

乌氏黏度计 1 支，5 mL、10 mL 移液管各 1 支，恒温水浴 1 套，秒表 1 个，50 mL 锥形瓶 5 只。

## 【试剂药品】

10%硝酸、5%右旋糖苷(分析纯)。

## 【实验步骤】

### 1. 溶液配制

取5只干燥的小锥形瓶,按表19.1所示配方配制五种浓度的溶液。

**表19.1　溶液配制配方**

| 溶液 | 1 | 2 | 3 | 4 | 5 |
|---|---|---|---|---|---|
| 糖苷体积(mL) | 10 | 15 | 20 | 25 | 30 |
| 水体积(mL) | 20 | 15 | 10 | 5 | 0 |
| 溶液浓度(g·mL$^{-1}$) | 0.016 7 | 0.025 | 0.033 3 | 0.041 7 | 0.05 |

### 2. 黏度计的洗涤

黏度计一般内充10%硝酸,先将10%硝酸倒出,分别用自来水、蒸馏水洗涤,洗涤时用洗耳球将液体吸上去和压下来并使其反复流过毛细管和两个小球部位。蒸馏水洗涤三次。

### 3. 溶剂流出时间 $t_0$ 的测定

开启恒温水浴,并将黏度计垂直安装在恒温水浴中($G$ 球及以下部分均浸在水中),将20 mL蒸馏水,从 $A$ 管注入黏度计 $F$ 球内,在 $C$ 管的上端套上干燥清洁橡皮管,握住橡皮管使之不通大气,用洗耳球将液体吸上去至上面的 $G$ 球中部,松开橡皮管,此时溶液顺毛细管而流下,当液面流经刻度 $a$ 线处时,立即按下停表开始计时,至 $b$ 处则停止计时。记下液体流经 $a$、$b$ 之间所需的时间。重复测定三次,偏差小于0.2 s,取其平均值,即为 $t_0$ 值。

### 4. 溶液流出时间的测定

取出黏度计,用预先恒温好的待测溶液5 mL洗涤毛细管和两个小球部位,洗涤两次后装入预先恒温好的溶液 20 mL,安装黏度计,同上法,测定溶液的流出时间 $t$,按照由稀到浓的顺序依次测定 $t_1 \sim t_5$。

## 【数据记录与处理】

### 1. 不同液体流出时间的测定

将测定结果记入表 19.2 中。

**表 19.2　流出时间的测定结果**

| 液体 | 蒸馏水 | 溶液 1 | 溶液 2 | 溶液 3 | 溶液 4 | 溶液 5 |
|---|---|---|---|---|---|---|
| 平均时间(s) | | | | | | |

### 2. 数据处理

(1) 将上述数据输入 Origin 软件并编辑相应公式计算 $\eta_{sp}$、$\eta_r$、$\eta_{sp}/c$ 和 $\ln \eta_r/c$。

(2) 用 $\eta_{sp}/c$ 和 $\ln \eta_r/c$ 对 $c$ 作图,得两条直线,根据软件给出的方程式截距,取平均值求出$[\eta]$。

(3) 将$[\eta]$值代入⑦式,计算 $\overline{M}$。

25 ℃时,右旋糖苷水溶液的参数 $K = 9.22 \times 10^{-2}$ mL · g$^{-1}$,$\alpha = 0.5$。

## 【注意事项】

(1) 恒温测量时,黏度计的大小球应完全浸没在恒温水浴槽中。

(2) 黏度计要垂直放置,实验过程中不要晃动黏度计,否则影响结果的准确性。

(3) 黏度计要保持洁净,更换溶液时要用待测液清洗。

## 【思考题】

(1) 影响黏度法测分子量的因素有哪些?

(2) 黏度法测大分子分子量有哪些优点?

(赵慧卿)

# 实验二十　活性炭对染料亚甲基蓝的吸附实验

## 【实验目的】

（1）掌握吸附实验的一般过程。

（2）学习吸附原理。

## 【实验原理】

吸附是指某种气体、液体或者被溶解的固体的原子、离子或者分子附着在某物质表面上。这一过程使得物质表面上产生由吸附物构成的膜。物质内部的分子和周围分子有互相吸引的引力，但物质表面的分子相对物质外部的作用力没有充分发挥，所以液体或固体物质的表面可以吸附其他的液体或气体，尤其是在表面面积很大的情况下，这种吸附力能产生很强的作用，所以工业上经常利用大面积的物质进行吸附，如活性炭、水膜等。吸附过程有两种情况：

（1）物理吸附。在吸附过程中物质不改变原来的性质，因此吸附能较小，被吸附的物质很容易再脱离，如用活性炭吸附气体，只要升高温度，就可以使被吸附的气体逐出活性炭表面。

（2）化学吸附。在吸附过程中不仅有引力，还运用化学键的力，因此吸附能较大，要逐出被吸附的物质需要较高的温度，而且被吸附的物质即使被逐出，也已经产生了化学变化，不再是原来的物质了，一般催化剂都是以这种吸附方式起作用的。

$$q_{eq} = \frac{(C_0 - C_{eq})V}{m_{吸附剂}} \quad ①$$

式中 $q_{eq}$ 为达到吸附平衡时的吸附量（$mg \cdot g^{-1}$），$C_0$ 为吸附前染料溶液浓度（$mg \cdot L^{-1}$）；$C_{eq}$为达到吸附平衡时染料溶液浓度（$mg \cdot L^{-1}$），$V$ 为溶液体积（L）；

$m$ 为吸附剂活性炭的质量(g)。

在等温条件下,吸附剂在不同浓度的染料溶液中吸附达到平衡时的吸附量可以用来描绘吸附等温线。对于染料吸附平衡,Langmuir 和 Freundlish 理论被经常用来对其吸附数据加以解释。Langmuir 理论适用于单分子层吸附,其理论公式如下:

$$q_{eq}=\frac{Q_0 bC_{eq}}{1+bC_{eq}} \tag{②}$$

式中,$q_{eq}$为平衡吸附量,即达到吸附平衡时的吸附量($mg \cdot g^{-1}$);$C_{eq}$为达到吸附平衡时染料溶液浓度($mg \cdot L^{-1}$);$Q_0$ 为饱和吸附量,即吸附剂表面达到单分子层吸附最大吸附量($mg \cdot g^{-1}$);$b$ 为 Langmuir 吸附常数($L \cdot mg^{-1}$)。将公式转换为线性形式:

$$\frac{C_{eq}}{q_{eq}}=\frac{1}{bQ_0}+\frac{C_{eq}}{Q_0} \tag{③}$$

Freundlish 理论公式:

$$q_{eq}=K_F C_{eq}^{1/n} \tag{④}$$

式中,$K_F$ 为 Freundlish 吸附常数[$(mg \cdot g^{-1})(mg \cdot L^{-1})^n$],$n$ 为 Freundlish 吸附常数。

线性形式:

$$\ln q_{eq}=\ln K_F+\frac{1}{n}\ln C_{eq} \tag{⑤}$$

研究表明,在大多数固体上,亚甲基蓝吸附都是单分子层,即符合 Langmuir 型吸附。但当原始溶液浓度较高时,会出现多分子层吸附,而如果吸附平衡后溶液的浓度过低,则吸附又不能达到饱和。因此,原始溶液的浓度以及吸附平衡后的溶液浓度都应选在适当的范围内。

本实验溶液浓度的测量是借助分光光度计来完成的。根据光吸收定律(朗伯-比尔定律),当入射光为一定波长的单色光时,某溶液的光密度与溶液中有色物质的浓度及溶液的厚度成正比,即

$$A=\lg\frac{I_0}{I}=\varepsilon lc \tag{⑥}$$

式中,$A$ 为吸光度;$I_0$ 为入射光强度;$I$ 为透射光强度;$\varepsilon$ 为吸光系数[$L \cdot (g \cdot cm)^{-1}$];$l$ 为液层厚度(cm);$c$ 为溶液浓度($g \cdot L^{-1}$)。

## 【仪器材料】

50 mL 容量瓶 16 只、1 mL 移液枪、5 mL 刻度吸管、10 mL 刻度吸管、50 mL 移

液管、具塞锥形瓶 6 只、振荡器、离心管 6 支、离心机、可见分光光度计。

## 【试剂药品】

亚甲基蓝、活性炭粉末(国药集团)。

## 【实验步骤】

### 1. 工作曲线的绘制

(1) 用刻度吸管移取 5 mL 1 000 mg · $L^{-1}$的亚甲基蓝溶液置于 50 mL 容量瓶中,用蒸馏水稀释至标线,得到 100 mg · $L^{-1}$的亚甲基蓝溶液。

(2) 取 5 只 50 mL 容量瓶,并编号。用移液枪分别量取 1 mL、2 mL、3 mL、4 mL、5 mL 浓度为 100 mg · $L^{-1}$的亚甲基蓝溶液分别置于上述容量瓶中,用蒸馏水稀释至标线,得到浓度分别为 2 mg · $L^{-1}$、4 mg · $L^{-1}$、6 mg · $L^{-1}$、8 mg · $L^{-1}$、10 mg · $L^{-1}$的亚甲基蓝标准溶液(如表 20.1)。

(3) 以蒸馏水为空白溶液,分别测量上述标准溶液的吸光度(工作波长:665 nm)。

**表 20.1　吸光度测量结果**

| 编号 | 1 | 2 | 3 | 4 | 5 |
|---|---|---|---|---|---|
| 浓度(mg · $L^{-1}$) | 2 | 4 | 6 | 8 | 10 |
| 吸光度 | | | | | |

(4) 根据朗伯-比尔定律绘制工作曲线,得到 $A-C$ 线性方程:＿＿＿＿＿＿＿＿。

### 2. 平衡吸附量的测量

(1) 取 5 只 50 mL 容量瓶,并编号。用刻度吸管分别量取蒸馏水 20 mL、15 mL、10 mL、5 mL、0 mL 置于 50 mL 容量瓶中,用浓度为 1 000 mg · $L^{-1}$的亚甲基蓝溶液加至标线,得到浓度分别为 600 mg · $L^{-1}$、700 mg · $L^{-1}$、800 mg · $L^{-1}$、900 mg · $L^{-1}$、1 000 mg · $L^{-1}$的亚甲基蓝溶液(如表 20.2 中配制浓度 $C_0$)。

(2) 取 5 只 150 mL 干燥锥形瓶,并编号。用电子天平精确称量 5 份 0.100 0 g 活性炭(5 份尽量平行)分别置于锥形瓶中,再分别加入 50 mL 下表中的亚甲基蓝溶液，盖上磨口塞，轻轻摇动，再放入振荡器中振荡。

(3) 70 min 后，取出亚甲基蓝溶液，分别倒部分液体于5只离心管中，使用离心机(2 000 转/min)离心分离 5 min。

(4) 取4只50 mL容量瓶，并编号2～5。用移液枪分别移取离心管中上层清液4 mL、3 mL、2 mL、1 mL，分别置于4只容量瓶中，稀释至50 mL。分别测量1～5号溶液的吸光度(其中1号用原液，不稀释)。

(5) 把所得吸光度数据分别带入步骤1所得 $A-C$ 线性方程，求出对应的稀释后浓度 $C_{eq,稀释}$，并按稀释倍数求出 $C_{eq}$(即为达到吸附平衡时的染料溶液浓度 $C_{eq}$)。

(6) 根据公式：

$$q_{eq}=\frac{(C_0-C_{eq})V}{m_{吸附剂}}$$

分别求出达到吸附平衡时的吸附量 $q_{eq}$，并记录于表20.2中。

**表20.2 实验结果**

| 编号 | 1 | 2 | 3 | 4 | 5 |
|---|---|---|---|---|---|
| 配制浓度 $C_0$ (mg·L$^{-1}$) | 600 | 700 | 800 | 900 | 1000 |
| $m_{吸附剂}$ (mg·g$^{-1}$) | | | | | |
| 吸光度 $A$ | | | | | |
| $C_{eq,稀释}$ (mg·L$^{-1}$) | | | | | |
| $C_{eq}$ (mg·L$^{-1}$) | $C_{eq,稀释}$ | $\frac{50}{4}C_{eq,稀释}$ | $\frac{50}{3}C_{eq,稀释}$ | $\frac{50}{2}C_{eq,稀释}$ | $\frac{50}{1}C_{eq,稀释}$ |
| $q_{eq}$ (mg·g$^{-1}$) | | | | | |

### 3. 确定饱和吸附量 $Q_0$ 和 Langmuir 吸附常数 $b$

根据 Langmuir 公式：

$$\frac{C_{eq}}{q_{eq}}=\frac{1}{bQ_0}+\frac{C_{eq}}{Q_0}$$

以 $C_{eq}$ 对 $\frac{C_{eq}}{q_{eq}}$ 作图，由图形截距及斜率求出饱和吸附量 $Q_0$ 和 Langmuir 吸附常数 $b$。

## 【注意事项】

（1）学生分6组，每组5人。

（2）容量瓶用后应放盆中用水浸泡。

## 【思考题】

（1）活性炭对染料的吸附属于物理吸附还是化学吸附？

（2）活性炭吸附能力强的原因？

（3）为什么吸附前的浓度要保持在600～1 000 $mg \cdot L^{-1}$？而标准溶液的浓度只需要在2～10 $mg \cdot L^{-1}$？

（赵慧卿　韦文美）

# 参 考 文 献


[1] 李发美.分析化学[M].7版.北京:人民卫生出版社,2011.

[2] 武汉大学.分析化学[M].4版.北京:高等教育出版社,2000.

[3] 顾志红,张利民.医学基础化学实验教程[M].合肥:安徽科学技术出版社,2005.

[4] 孟凡德.医用基础化学实验[M].北京:科学出版社,2001.

[5] 吴泳.大学化学新体系实验[M].合肥:安徽科学技术出版社,1999.

[6] 汪显阳,罗涛,杨红丽,等.Origin在磷酸电位滴定实验中的应用[J].卫生职业教育,2014(12).

[7] 夏新泉,舒中英,徐斌,等.关于《电位滴定法测定磷酸浓度及其各级离解常数》实验原理及数据处理的改进[J].湖北师范学院学报:自然科学版,2004(4).

[8] Daniels F, Alberty R A, Williams J W, et al. Experimental Physical Chemistry[M]. 7th ed. New York: McGraw-Hill Inc., 1975.

[9] 傅献彩,沈文霞,姚天扬.物理化学:下册[M].4版.北京:高等教育出版社,1990.

[10] 冯安春,冯喆.简化电导法测量乙酸乙酯皂化反应速度常数[J].化学通报,1986(3):55.

[11] 顾良正,武传昌,岳瑛,等.物理化学实验[M].南京:江苏科学技术出版社,1986:75.